"十四五"高等职业教育
计算机类专业规划教材

TABLEAU
SHUJU KESHIHUA SHIZHAN YINGYONG

Tableau
数据可视化
实战应用

U0310612

主　编◎**裴文俊　桂　颖**

副主编◎**赵晨伊**

中国铁道出版社有限公司
CHINA RAILWAY PUBLISHING HOUSE CO., LTD.

内 容 简 介

本书从培养操作技能和掌握实用技术角度出发，介绍了 Tableau 在工作场景中多方面的应用，较好地体现了理实一体的理念，具有较强的实用性和可操作性。

本书共分 7 个项目 20 个任务，详细介绍了数据可视化的概念和应用，Tableau 中常见基础工具的使用方法，12 种常用图表的特点、使用场景与绘制方法，数据的处理技术，创建和制作仪表盘与故事的方法。最后一个项目以实战应用为主导，通过 3 个主题，完成了对数据源的处理、数据可视化的呈现、数据分析报告的制作。

本书适合作为职业院校大数据技术与应用、商务数据分析与应用、电子商务、市场营销等专业以及计算机培训班、数据分析类培训班的教材，也可作为数据分析与应用的从业人员的自学参考用书。

图书在版编目（CIP）数据

Tableau数据可视化实战应用/裴文俊，桂颖主编. —北京：
中国铁道出版社有限公司，2021.9（2024.1重印）
"十四五"高等职业教育计算机类专业规划教材
ISBN 978-7-113-28291-2

Ⅰ.①T… Ⅱ.①裴… ②桂… Ⅲ.①可视化软件-高等职业
教育-教材 Ⅳ.①TP31

中国版本图书馆CIP数据核字（2021）第166115号

书　　　名：Tableau 数据可视化实战应用
作　　　者：裴文俊　桂　颖

策　　　划：曹莉群　　　　　　　　　　　编辑部电话：(010) 51873202
责任编辑：刘丽丽　包　宁
封面设计：崔丽芳
责任校对：焦桂荣
责任印制：樊启鹏

出版发行：中国铁道出版社有限公司（100054，北京市西城区右安门西街8号）
网　　址：http://www.tdpress.com/51eds/
印　　刷：番茄云印刷（沧州）有限公司
版　　次：2021年9月第1版　2024年1月第4次印刷
开　　本：787 mm×1 092 mm　1/16　印张：17　字数：423千
书　　号：ISBN 978-7-113-28291-2
定　　价：59.00元

前 言

当前，新一轮科技革命和产业变革加速演进，新技术新应用新业态方兴未艾，使得数字经济成为重组要素资源、重塑经济结构、改变竞争格局的关键力量。在数字经济中，大数据技术发展速度之快、辐射范围之广、影响程度之深，前所未有，正推动着人们生产、生活和治理方式的深刻变革，也深刻影响着人们的工作的学习和生活。作为大数据处理技术的重要环节，数据可视化已经成为大数据专业技术技能人才必备的知识技能。数据可视化借助图形化手段，直观清晰有效地呈现数据分析结果，有助于深入理解洞察复杂的数据、降低信息的碎片化程度，打通大数据应用的"最后一公里"。

Tableau 是本书中实操部分主要运用的数据可视化工具。作为一款优秀的可视化工具软件，Tableau 能够帮助人们快速分析、可视化并分享数据信息。Tableau 链接了数据运算和数据展现，通过直观的界面将拖放操作转化为数据查询，并对数据进行可视化呈现，为用户提供易上手、处理快、效果好的功能集合，使其相较于其他数据分析软件，能够更加轻松地探索和管理数据。

本书是在"校企合作"基础上，组织大数据技术与应用等相关课程的授课老师，以及科技企业大数据领域的工程师等"双元"专家队伍，共同编写的适用于职业院校的教材。本书以国家职业标准为依据，以综合职业能力培养为目标，以典型工作任务为载体，以学生为中心，根据数据可视化典型工作任务和工作过程设计课程体系和内容，培养学生的综合职业能力。本书依据技能学习的特点，有针对性地讲解 Tableau 实用的基础知识和技能，突出了"理实一体""工学一体"理念，让用户和学生能够通过"做中学、学中做"，掌握 Tableau 软件的使用。

本书内容的设计与选取以必须、够用、理论联系实际为宗旨，紧贴科技发展和生产工作实际的需求，遵循学生的认知规律和特点，图文并茂、深入浅出、易于理解。本书包含理论知识和实际操作两个部分，以实用功能讲解为核心，由易到难，帮助学生在较短时间内，掌握数据可视化技术。在每个项目的结束设置了对应的学习评价，既对项目进行了简要概括，也让读者了解项目的重难点，对学习成效有的放矢。

通过本书 7 个项目的学习和实践，学生能够掌握数据可视化基本知识，能够使用 Tableau 制作不同类型的图表和仪表盘，并掌握 Tableau 在数据可视化中的综合应用。本书的参考学时为 54

学时，教师可根据人才培养方案、专业实情、教学安排，开展理实一体的教学。

本书由上海市工商外国语学校裴文俊、桂颖任主编并统稿，红亚教育科技（上海）有限公司赵晨伊任副主编，红亚教育科技（上海）有限公司袁婷婷参与编写，红亚教育科技（上海）有限公司赖荧丹参与审稿工作。其中，袁婷婷编写项目一，裴文俊编写项目二～项目四，桂颖编写项目五、项目六，赵晨伊编写项目七。

特别感谢合作企业——红亚教育科技（上海）有限公司资源部和项目部团队在本书撰写过程中的大力支持。

由于数据分析技术正在迅速发展，本书疏漏和不足之处在所难免，敬请广大读者及专家指正。

编　者

2022 年 8 月

目 录

项目一　来到——数据可视化世界 1

　　任务一　大数据时代下的数据可视化 2

　　任务二　了解数据分析 8

　　项目归纳与小结 12

　　项目评价 12

项目二　初识——Tableau 来了 13

　　任务一　数据类型和角色 14

　　任务二　创建视图和标记卡的作用 23

　　任务三　页面和筛选器 31

　　项目归纳与小结 39

　　实操演练 39

　　项目评价 41

项目三　尝试——绘制 Tableau 图表 42

　　任务一　文本表、直方绘制 43

　　任务二　饼图、条形图绘制 62

　　任务三　树状图、折线图绘制 87

　　项目归纳与小结 107

　　实操演练 107

　　项目评价 109

项目四　探索——Tableau 其他图表 110

　　任务一　面积图、组合图绘制 110

　　任务二　散点图、地图绘制 131

　　任务三　盒须图、甘特图绘制 154

项目归纳与小结 169

实操演练 170

项目评价 172

项目五　挖掘——数据处理方法 173

任务一　表计算与计算字段 173

任务二　常用函数与参数 182

任务三　参数的创建和使用 194

项目归纳与小结 201

实操演练 201

项目评价 202

项目六　进阶——用 Tableau 讲"故事" 203

任务一　Tableau 的"仪表板"（一） 203

任务二　Tableau 的"仪表板"（二） 212

任务三　Tableau 的"故事" 219

项目归纳与小结 223

实操演练 223

项目评价 224

项目七　综合——Tableau 实战应用 225

任务一　红色旅游景点数据分析 225

任务归纳与小结 243

实操演练 244

任务二　Y 品牌母婴专卖店客户行为分析 244

任务归纳与小结 255

实操演练 255

任务三　G 品牌奶片销售运营分析 255

任务归纳与小结 265

实操演练 266

项目评价 266

项目一

来到
——数据可视化世界

 情景

　　刚刚进入公司的实习生小娅，面对大量需要处理的数据手足无措，整理的数据分析报告一次次被打回来重做、修改，使小娅非常苦恼。领导安排前辈阿洪指导小娅完成项目。

　　阿洪："面对大量的数据进行可视化分析时，有多种方法进行制作，例如数据可视化分析工具——Tableau，它是现在很流行的商业智能化软件，处理数据后呈现的图表界面比我们常用的Excel更美观，展现的方式更多样，使用 Tableau 可以很简便地自定义视图、布局、形状、颜色等，总之功能强大，易于上手，如果你想让自己的报告在初入职场时得到肯定，先学习这个工具吧。"

　　小娅："好的，太感谢了！但是，我只听说过 Tableau 数据处理工具，可没有深入了解过，您可以为我讲解一下吗？"

　　阿洪："当然，但是我只能简单给你介绍下，毕竟这是实操类的工具，你必须在以后的项目中多运用、多探索，才能真正掌握这个工具。知识只有消化了才真正是自己的。"

　　当今社会已进入大数据时代，由于智能化、云计算的加速发展，数据处理和分析被各行各业所急需，数据要素更是提高到了国家生产要素的高度，所以可以看出不管是国家层面还是地域发展的需求，都需要大量会处理数据、分析数据的人才，时代的需求让我们每个人都或多或少需要掌握不同的数据可视化工具以及大数据的基本知识。在大数据时代之前，初入职场的小白们就必须掌握必要的 Excel 处理数据，把数据转化为图表呈现，现在来到了大数据时代，商品的交易数据、客户行为的分析数据，每天都在产生大量数据，而并不是所有数据都对企业的生产经营起着辅助决策的作用，也有很多误读的数据，甚至有很多虚假数据，这就对我们的数据处理能力提出了更高的要求，使 Tableau 等数据可视化工具让越来越多的人所熟知并开始替代 Excel 的使用，由于Tableau 本身简单易学，操作上非常人性化，降低了学习门槛，所以重视学习使用它的人也越来越多了。

那么我们处理海量数据的过程是怎样的？大致可分为：对数据进行采集、收集工作，对采集的数据进行预处理（比如去除重复项、错误项、转换为可被数据可视化软件方便识别的数据样式等）、对数据进行可视化呈现，分析数据呈现的内容，最后给出分析结论供企业管理者决策参考。

根据以上内容不难看出，一份合格的数据可视化分析报告，是将海量的、杂乱无章的数据通过数据处理工具转化为可读性强的图形或图表符号，挖掘数据背后的信息，发现规律和特征，分析当前情况和对未来做一定的预判，为数据报告的阅读者提供决策思路。

相比传统数据分析报告，数据可视化分析报告能更准确、高效、精简地呈现有价值的信息。

一方面，选择合适的图表呈现方式在一定程度上能够让数据进行自我解释，从而达到让数据"说话"的功效。这也是大数据时代带来的智能化、云计算的特征表现。

另一方面，由于人类负责图像记忆的右脑，比负责抽象文字或数字记忆的左脑的运行速度要快 100 万倍左右，因此，将数据进行可视化呈现后，将极大地加强读者对于数据分析的理解和对数据结论的记忆，随着数据量的膨胀和工作节奏的加快，管理者、政府工作人员、研究人员等可能每天都要阅读多份数据分析报告，所以对报告的理解是否足够直观，对报告的结论是否记忆犹新，成为了这份数据可视化报告价值体现的关键，试想一下，你辛辛苦苦地采集、处理一大堆数据，对这些数据进行了严密的分析，最后的建议也可能是行之有效的金玉良言，但是，由于读者平时也比较忙碌，你的这份洋洋洒洒几万字的报告，他可能一看到就有了畏难情绪，没有了阅读下去的兴趣，或者即便阅读了，由于理解困难导致对分析的结论记忆可能就埋没在了忙碌的日常生活中了，而如果使用 Tableau 等美观实用的数据可视化软件，让整份报告生动起来，甚至能有效减少分析的话语字数，让复杂的事变简单，让简单的事变直接，报告并不是看起来字数越多越好，大数据时代的报告，是越生动、越直接但又不失对问题一针见血的分析，这样才能脱颖而出，真正帮到读者的分析报告。

现如今，数据可视化也已在政府、政务等民生工程上被广泛应用。上海已经在实行的"一网通办""一网通管"和政府大数据中心的建设，充分说明大数据产业将迎来高速的发展期，处理和分析大数据的价值正在被重视。了解数据可视化，掌握可视化的呈现方式，也将成为时代所急需的实用技能。

小娅听得津津有味，感觉阿洪打开了大数据时代的大门，正引领着自己走进去，而里面是个崭新的数字化世界，所有的一切都变得快速而高效，小娅认真地听着，阿洪则带着小娅来到了大数据时代下，通过讲解我们身边的实用工具——"随申办"让小娅对这个改变有了更深切的了解。

任务一　大数据时代下的数据可视化

◎ 学习目标

◆ 了解大数据。

◆ 认识常用可视化工具。

◆ 了解数据可视化工具 Tableau。

 任务分析

"大数据"的目的是提供决策，我们都希望以一种形式直观和主题鲜明的方式来展示和说明，在大数据专业领域，它被称为"数据可视化"。大家熟悉的 Excel 就是简单常用的数据可视化工具，当然还有很多，作为大数据专业学生，需要了解 Tableau 数据可视化工具。

任务实施

一、大数据的实用价值

1. 大数据为企业节约运营成本

传统的数据收集方式主要依靠回收问卷调查。如某电影发行公司，为了给新制作好的电影制定发行策略，举办了几场小型的观影会，并且收集了当时的观影人的问卷信息，再进行一系列数据的处理和分析工作。这类方法由于受到样本数量、人员结构和现场交通等因素干扰，虽然表面上针对性强，但是精准性却有待提高。

在如今的大数据时代，随着计算机网络技术、云计算存储技术，以及自媒体运营模式的迅速发展，大量数据会通过移动终端、网络终端得到即时存储，这个时代的数据存储呈现出自发性、主动性的特征。

放到现今来思考，这家电影发行公司用数据驱动的思维模式来制订发行宣传策略的时候，企业不会再依靠举办的几场观影会来制订宣传策略，而是会寻找适合做决策的大数据信息，先把此部电影的关键点信息（电影类型以及主要情节线信息等）放到以往的电影片库中进行模式比对，然后根据确定的电影特性信息在相应的知名的、拥有大量后台数据的影评网（如时光网、豆瓣影评等）中采集数据信息，获知用哪种形式的宣传手段可以达到更好的效果，这种更精准的策略营销，在帮助企业节约成本的同时，也增加了预知的准确性。

2. 大数据提升公民便利度

大数据首先在互联网、金融、IT 等行业开始兴起，这些行业的数据得到累计和爆炸性增长，随后大数据的影响和应用范围延伸到教育、科研、物联网等实际生活领域当中。现今，各个领域都在产生大数据，比如考生的学习成绩、个人身份认证信息等。下面以"随申办"为例，解释政府如何通过大数据技术支撑来惠及民生。

在"随申办"的主页上，公民可轻松地查阅养老金、医保金、公积金等信息，还可通过"不见面办理"进行居住登记、申请享受生育保险、灵活就业登记、开具户籍证明等。"随申办"之所以能够做到"随身办"，关键在于手机移动端和大数据技术的双向发展，实现了个人信息的"随身带"。以"随申办"的个人主页为例，这里几乎包含了公民需要到政府部门办事的所有事项。以前，公民办一项业务就需要去政府相关部门网点咨询和办理，开一个证明更是需要多次到政府机构去办理业务，虽然这些不便一直被公民反映希望改进，但是一直得不到有效的解决。但是，随着大数据的发展，云计算的实用落地，随着政府大力倡导的"一网通办"平台正式入驻移动端，公民日常办理各项业务现今已基本可在移动端完成，有些需要本人到政府相关部门的，也可提前预约，大数据的应用极大地方便了公民生活，惠及了民生工程。截至 2020 年 3 月 22 日，上海已有 771 万个人用户在"一网通办"实名建立档案，占上海市实有市民人口 30% 以上；189 万企业法人建立企业档案，约占上海地区设立企业的 90%；"随申办"App 用户已突破千万下载使用量。"随申办"主页信息如图 1-1-1 所示。

■ 图 1-1-1　上海"随申办"主页信息

上海这座拥有 2 400 万常住人口的超大型城市，要想做到精细化的城市管理，势必要求政府治理实现"智能化"，以降低整个城市的运行成本。结合大数据的应用，政府可以根据公众不同的需求提供个性化的服务，并将需求者和服务提供者匹配起来。

例如，以往入住酒店，需要带实体身份证登记才能入住，现在只需要通过身份证电子证照，就可实现移动端登记，这得益于公民认证信息在政府管理上的信息化全覆盖。例如，以往公民身体突发状况而忘记把医保卡带在身边，在需要就医或者购买药品的情况下，要不就是自费购买，要不就是先就医，再凭发票单据去有关部门申请报销，前者浪费钱财，后者浪费时间。现在只需出示医保电子证照，通过扫码支付，就能有效使用医保卡，这些非常实用的功能正是因为大数据时代的到来，政府工作实行一网通办而带来的良好效果。个人电子证照会根据公民的实有可加载信息进行添加，示例如图 1-1-2 所示，其中社保卡和医保卡已合并为一卡，通过大数据应用，公民的多种生活实用功能卡将得到合并。

在今后的城市发展中，将愈加以大数据为核心要素，大力发展智慧型数字化城市。政府为提升治理能力、改善城市运行管理、重构公共服务体系，企业为提高作业效率、降低运营成本、精准品牌定位，公民为便利生活条件、减少沟通成本、享受发展红利等需求汇集，将像浪潮一般推动大数据的发展。

■ 图 1-1-2　个人电子证照示例

二、大数据时代的数据特征

随着大数据的出现，技术和商业领域都在发生明显的变化。在技术领域中，以往我们更多依靠使用模型的方法，现在大数据和数据处理技术的升级使得语音识别、机器人领域取得了实质性进展。

大数据的主要特征如下：

第一个特征是大数据的基本特征——**数据量大**。企业近两年面临需要处理的数据量的大规模增长，并且在未来几年数据量将继续呈现爆发式增长。如今，单一数据集的规模范围从几十 TB 到数 PB（1 024 TB）不等。

第二个特征是大数据的性能特征——**速度快**。在高速网络时代，软件性能不断优化，实现实时数据流已不是难题，所以，企业不仅需要了解如何快速创建数据，还需要知道如何快速处理数据，并且即时将分析结果返回给客户，以满足客户对处理速度的期待。

第三个特征是大数据的种类特征——**类型繁多**。网络日志、微信聊天、朋友圈浏览、音频分享、地理位置信息等类型的数据对数据处理能力提出了新要求。数据多样性的剧增主要是由于新型的多结构数据（比如把传感器安装在交通设备上），以及多种数据类型（如社交媒体、互联网搜索浏览痕迹等）。

第四个特征是大数据的甄别特征——**筛选数据**。大数据量大但并不是每条都有价值，实际上，它单条数据的价值极低。大数据的数据形式和类型是多变的，相较于传统的业务数据而言，它很难使用传统的数据分析软件来处理，传统业务数据随着行业发展已经拥有了统一标准的格式，是能够被标准的通用商务智能软件识别出来的。而大数据由于随着物联网的广泛应用，每天都在产生海量的数据，但是价值密度又很低，那么如何通过严谨的思维和强大的算法更有效、迅速地对数据进行价值提取，是现实的难题。

虽然数据价值甄别上需要更多的投入，但现阶段大数据对人们生产生活带来的正面影响也是显而易见。比如，以前我们坐公交车是很难清楚还需等待多长时间，但现在上海市的大部分公交车站都已实现实时智能显示，这辆公交车已经到哪一站了，预计还需要等待多久，等待的乘客看到后就非常清楚，方便选择是继续等待还是更换出行方式。

三、常用的可视化工具

数据可视化是对数据的一种形象直观的解释，让我们可以从不同的维度观察数据，从而更有效率地得到有价值的信息。数据可视化主要是借助图形化手段，清晰有效地传达与沟通信息。相比传统的用表格或文档展现数据的方式，可视化能将数据以更加直观的方式展现出来，使数据更加客观、更具说服力。

传统数据可视化工具仅能够将传统类型的数据加以组合，通过一些常规的展现方式提供给客户，方便客户发现数据之间的关联信息，虽然比较直观但对信息呈现的深度和广度不够，而且展现形式很有限，用户已经产生审美疲劳。最主要的是它很难处理海量数据，无法很好地贴合时代的需求。

那么，随着这些非结构和半结构化数据的增长，用气泡图、树状图、热图、词云等形式来呈现，将会更加贴合新数据类型的处理方式。最后，数据可视化工具还应该满足可以直接发布到云端、移动端的需求。

下面介绍一些主要的数据可视化工具，以及使用 Tableau 进行数据可视化分析的方法和技巧。

1. 数据可视化工具

数据可视化是一个既具有科学逻辑分析的可视化，又具有信息数据处理可视化的集合概念，使人们以更直观的方式看到数据挖掘出的信息价值。数据可视化工具很多，每种可视化工具都有其特点和适用范围，用户可根据数据量大小、主要应用于什么领域来进行可视化工具的选择。5种常用数据可视化工具的特点及其适用范围见表 1-1-1。

表 1-1-1　5 种常用数据可视化工具的特点及其适用范围

名　称	特　点	适用范围
Excel	内置常用的分析图表，使用简单，易上手	适用于数据量较小的分析
Tableau	内置常用的分析图表和一些数据分析模型，可以快速地探索式分析数据，快速地做出动态交互图，图表和配色也非常出色	因为是商业智能，解决的问题更偏向商业分析，常用来制作数据分析报告
Fine BI	内置丰富图表，不需要代码调用，可直接拖动生成	更倾向于企业应用，侧重业务数据的快速分析以及可视化展现
R 语言	代码调用，绘图精确，可复制性强，语法简单，数理统计类图表强大	应用面广，从学术界到业界都得到了广泛使用。需要与统计分析结合（如假设检验、回归等），适用于数据量较大的分析
Python 语言	代码调用，绘图精确，可复制性强，与其他系统（如报表系统、数据库等）易融合，可处理的数据量大	应用面广，需要与企业其他系统打通融合，适用于数据量较大的分析

除了表 1-1-1 所列的几款数据可视化工具外，还有一些大型企业推出的数据可视化工具，同样非常实用，例如：Microsoft Power BI、腾讯 TCV、阿里 DataV、百度 Sugar 等，可以进行拓展

学习。

2. 了解 Tableau

　　Tableau 是一家提供商业智能服务的软件公司，正式成立于 2004 年，总部位于美国华盛顿州西雅图市。产品起源于美国国防部一个提高人们分析信息能力的项目。项目移交斯坦福大学后快速发展，三位负责产品的博士后来共同创建了 Tableau 软件公司。公司成立一年后，就获得了 PC 杂志授予的"年度最佳产品"称号。软件致力于帮助人们看清并理解数据，帮助不同个体或组织快速而简便地对数据进行分析、可视化和分享。

　　Tableau Desktop 是一款桌面端分析工具。通过 Tableau Desktop 可连接几乎所有的数据源。当连接到数据源后，只需用拖放的方式即可快速地创建出交互、美观、智能的视图和仪表板。Tableau 的高性能数据引擎，能够以惊人的速度处理数据。通过简单的鼠标操作，就可以完成对数百万条数据的可视化分析，在思考的瞬间就获得所需的答案。

　　Tableau Desktop 分为个人版和专业版两种，两者的区别在于：①个人版所能连接的数据源有限，其能连接到的数据源有 Excel、文本文件（如 .csv 文件）、Access、JSON、空间文件、统计文件、Tableau 数据提取、OData、Google 表格和 Web 数据连接器的数据，而专业版可以连接到几乎所有格式或类型的数据文件和数据库；②个人版不能与 Tableau Server 相连，专业版则可以。

　　作为领先的数据可视化工具，Tableau 具有许多理想和独特的功能。可以使用 Tableau 的拖放界面可视化任何数据，探索不同的视图，甚至可以轻松地将多个数据库组合在一起。它不需要任何复杂的脚本。任何理解业务问题的人都可以通过相关数据的可视化来解决。分析完成后，共享分析结论也很方便。

　　Tableau Prep 是 Tableau 在 2018 年 4 月推出的全新数据准备产品，其可快速将数据进行合并、组织和清理，进一步缩短整个数据处理过程。之所以需要这个工具，主要原因在于数据类型多样且很多都不适合直接进行复杂的数据分析，因为它们不满足可被可视化工具直接读取的数据模型，因此，就需要一种更方便的工具来搭建自己需要的数据模型，Tableau Prep 就应运而生了。

　　虽然 Tableau Prep 是一款独立的产品，但是可与 Tableau Desktop、Tableau Server 和 Tableau Online 进行无缝衔接。

　　另外，在 Tableau 的家族成员里还有：Tableau Mobile、Tableau Public、Tableau Reader 等，可进行拓展学习。

 思考和练习

1. 大数据给人们的生活带来了哪些改变？

2. 常用的可视化工具有哪些？

3. 大数据的主要特征有_____、_____、_____、_____。

4. 数据可视化主要是借助_____，清晰有效地传达与沟通信息。

知识拓展

Tableau 可以连接到广泛使用的所有常用数据源，Tableau 的本机数据连接器可以连接到以下类型的数据源：

① 文件系统：如 CSV、Excel 等。

② 关系系统：如 Oracle、SQL Server、DB2 等。

③ 云系统：如 Windows Azure、Google BigQuery 等。

④ 其他源：使用 ODBC。

图 1-1-3 所示 Tableau 数据源中，显示了通过 Tableau 的本机数据连接器可用的大多数数据源。

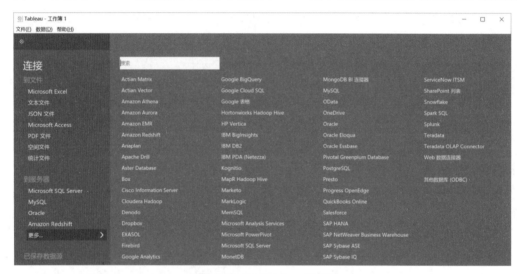

■ 图 1-1-3　Tableau 数据源

任务二　了解数据分析

 学习目标

◆ 了解数据分析的概念和表现方式。

◆ 理解使用 Tableau 进行数据分析的方式。

任务分析

最终决策离不开详细的整理和分析，当我们采集了大量的数据后，必须进行详细的数据整理和分析，挖掘其中的规律，并通过一定方式表现出来，才能真正作为决策依据。思考数据分析有哪些过程？它有哪些表现形式？

任务实施

一、了解数据分析

数据分析是指用适当的统计分析方法将收集来的大量数据进行分析，对其加以汇总和理解并消化，以求最大化地开发数据的功能，发挥数据的作用，是为了提取有用信息和形成结论而对数据加以详细研究和概括总结的过程。

为了更好地理解数据分析的概念，先从数据的产生、获取、分析应用等过程展开介绍。

1. 数据的产生

当你使用一个 App 时，会产生六类数据。首先，初次打开 App 注册完成后，会产生注册数据；当进入 App 搜索浏览商品时，会产生行为数据；购买商品之后，产生相应的交易数据；收到货后对商品的满意与否产生用户评价数据；不满意情绪致使用户转换其他同类 App，进而产生外部数据（这里的"外部"是相对于当前 App 而言）。这些都是个人行为。当有一群人发生上述行为时，就会产生行业数据，如电子商务行业。

2. 数据的获取

可以通过系统记录、埋点、调查问卷、爬虫、机构收集等方式获取数据。

3. 数据的分析和应用

对数据进行操作分析，能生成相关的数据产品、分析报告、工业应用等。系统记录的数据（如注册、交易、浏览、评论数据）、埋点产生的数据（如单击、浏览数据）、从外部网页爬虫获取的数据等，都需要通过 ETL（抽取、转换、加载）变成规范的、可视化、可用的数据。通过在数据仓库中进行存储后，可以构建算法模型，投入工业级别的应用，也可以通过一些计算逻辑转变成数据产品（仪表盘报表等）。进一步结合市场调研、行业报告等外部数据，形成最终的数据分析报告。

二、数据分析的表现方式

1. 地图形式

为了清晰地展示某公司在重庆与四川的销售额和利润情况，可以采用图形式来展示这些数据，如图 1-2-1 所示。

2. 条形图形式

条形图是最常用的统计图表之一。通过条形图可以快速地对比各指标值的高低，尤其是当数据是分为几个类别时，使用条形图会很有效，很容易发现各项目数据间的差异情况。各产品市场表现条形图如图 1-2-2 所示。

3. 散点图

有时单独用一种图形并不能满足需求，需要在一张视图中用几种不同的图形来展示数据。比如，在分析某公司近几年各个区域的销售情况时，销售额要用线条来表示，而利润额要用条形图来表示。各区域市场表现要用线条图表示，如图 1-2-3 所示。

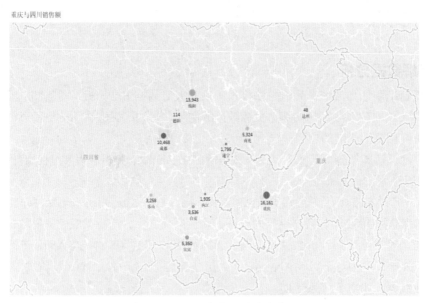

■ 图 1-2-1　重庆与四川销售情况图

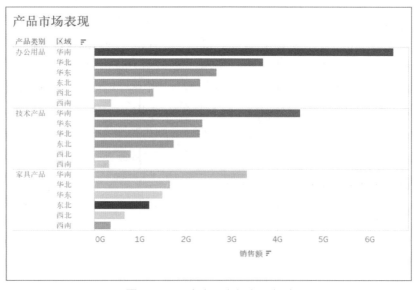

■ 图 1-2-2　各产品市场表现条形图

可以使用散点图展示不同字段间是否存在某种关系。例如，分析各类产品的销售额和运送到目的地的费用情况。通过散点图，可以有效地发现数据的某种趋势、集中度及其中的异常值，可以帮助用户确定下一步应重点分析哪方面的数据或情况。物流费用情况散点图如图 1-2-4 所示。

4.　仪表盘

将多张视图放到一个仪表板中，实现多表联动。在仪表板内可以从多个角度同时分析数据，分析公司的经营情况，加入多表联动，当单击"销售分析报告"地图上某个省份或城市时，"各产品市场表现"和"各区域市场表现"也都只显示相应省份或城市的数据。若能这样，工作效率会更高。另外，可以筛选省份实现多表联动。

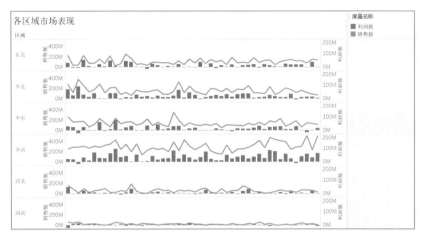

■ 图 1-2-3　各区域市场表现线条图

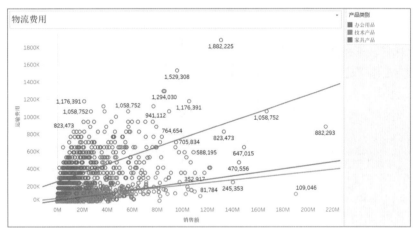

■ 图 1-2-4　物流费用情况散点图

思考和练习

1. 什么是数据分析？

2. 数据分析的表现形式为_____。

3. 当用户使用一个 App 时，会产生六类数据，即_____、_____、_____、_____、_____和_____。

4. 使用 Tableau，只需要应用一个_____到工作表中的现有数据。这些_____可以是_____、_____或_____。

知识拓展

通常在一个商业企业中，分前线部门、中台管理、后台支持与高层战略决策。前线部门包括销售分析、门店分析和业绩分析等，中台管理包括商品分析、用户分析、数据运营、品牌分析、活动分析和推广分析等，后台支持包括客服分析、售后分析、生产分析和物流分析等，高层战略决策包括战略分析、行业研究和经营分析等。这些业务部门都需要数据，并将数据运用到自己的工作和商业的每个环节中。

项目归纳与小结

阿洪："随着现代信息技术的不断发展，世界已跨入了互联网＋大数据＋人工智能时代。互联网、大数据等正深刻改变着人们的思维、生产和生活方式，掀起着新一轮产业和技术革命。电商、外卖、出行、支付等平台兴起，已经深刻影响和改变着每个人的衣食住行。电子商务的蓬勃发展，成就了众多电商平台、公司及岗位。在这个项目中，你对 Tableau 有一定的了解了吗？"

小娅："在这个项目中，我了解了数据可视化的工具，学习了什么是数据分析，以及初步了解了 Tableau 的分析流程。"

阿洪："很好，那么在接下来的学习中，我将通过对 Tableau 的操作，演示数据可视化呈现、数据分析方法。最终通过完整的数据分析操作演示和练习，来巩固你对数据分析全过程的学习。"

项目评价

项目实训评价				
评 价 项 目		评　价		
		完全实现	基本实现	继续学习
任务 1　大数据时代下的数据可视化				
学习目标	了解大数据 能描述大数据对于生活的作用和价值			
	认识常用可视化工具 能列举常用大数据的可视化工具			
	了解数据可视化工具 Tableau 能概述 Tableau 工具			
任务 2　了解数据分析				
学习目标	了解数据分析的概念和表现方式 能描述数据分析的概念和表现方式			
	理解使用 Tableau 进行数据分析的方式 能使用 Tableau 进行数据分析			

项目二

初识
——Tableau 来了

 情景

小娅："阿洪前辈，我已经安装好了 Tableau 软件，今天我们要学习什么内容呢？我已经迫不及待想要汲取知识的养分了！"

阿洪："今天我们将从如何连接数据源开始，学习数据的导入、数据的筛选这些初步的操作，你准备好了吗？"

小娅："时刻准备着！"

数据可视化是将数据以一种直观、容易理解的方式呈现给用户，其基本流程如图 2-1-1 所示。

1. 连接数据源

① 进行数据源的连接。

② 支持文本、Excel、数据库、大数据平台。

2. 构建数据视图

① 连接数据源以后，可清晰地列出所有可用的数据行列。

② 使用行列，以及度量值创建视图。

3. 增强视图

① 使用过滤器。

② 使用聚合。

③ 使用轴标签。

④ 使用颜色。

■ 图 2-1-1 数据可视化流程图

⑤ 使用边框。

4. 创建工作表

创建工作表，对相同的数据或者不同的数据进行数据视图创建。

5. 创建和组织仪表板

① 仪表板连接多个工作表。

② 工作表中的操作可以相应地改变仪表板中的结果。

③ 保证数据分析的模型性分析。

6. 创建故事

① 故事即一个工作表。

② 可以包含一系列工作表或者仪表板。

③ 组合的仪表板或者工作表共同传达综合性信息。

④ 可演示决策。

⑤ 可进行案例演示。

Tableau 数据可视化流程图，起点是输入的数据，终点是创建故事。将数据与 Tableau 软件连接，通过构建数据视图，建立工作表，将工作表连接仪表板，最后构成故事。

任务一　数据类型和角色

数据类型和角色

◎ 学习目标

◆能使用 Tableau 工具连接数据源。

◆知道 Tableau 的数据类型和角色。

◎ 任务分析

首先，我们要知道，对数据源的操作是 Tableau 最基础的知识点，因为有了数据源，用户才能够对数据进行处理，然后进一步制作后面的可视化内容。下面学习如何使用 Tableau 工具连接数据源。

◎ 任务实施

熟悉使用 Tableau 工具连接数据源。借助图形化的手段，清晰、有效地传达与沟通信息，称为数据可视化。在利用 Tableau 创建视图前，首先需要连接数据源。数据可以存储在计算机的电子表格或者文本中，也可存储在企业端服务器的大数据数据库中，而且也能连接到云端数据库。

一、打开 Tableau

打开 Tableau 软件，进入主界面之后，在页面左侧可以看到 Tableau 所支持的数据源类型，可以是文档，也可以是服务器。单击"更多"可展开，Tableau 可支持的数据源类型如图 2-1-2 所示。

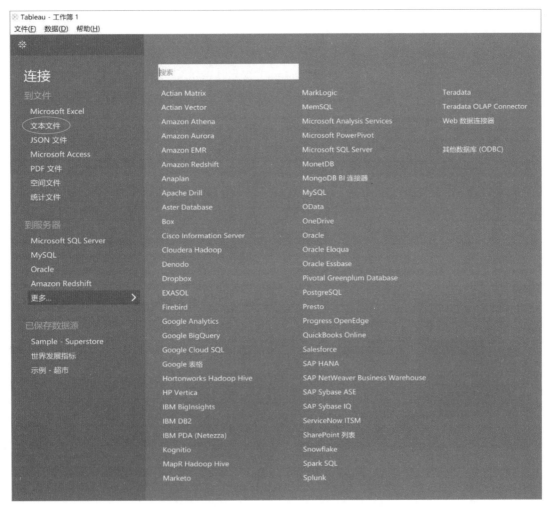

■ 图 2-1-2　Tableau 可支持的数据源类型

二、连接文件数据源——电子表格

以 Microsoft Excel 文件为例进行说明。单击图 2-1-2 左侧窗格中的 Microsoft Excel 连接，弹出图 2-1-3 所示对话框，双击目标 Excel 文件；或如图 2-1-4 所示，打开数据所在文件夹，选中数据文件，直接拖动到 Tableau 运行的程序框内。

如未能直接导入工作表信息，根据右侧上部的"将工作表拖到此处"文字提示（见图 2-1-5），将工作簿中的窗体"Sheet1"拖入右边的框中（双击此表也可以达到相同的效果）。之后可以在下方看到"订单"工作表中的资料，如图 2-1-6 所示。

■ 图 2-1-3　选择 Excel 数据表

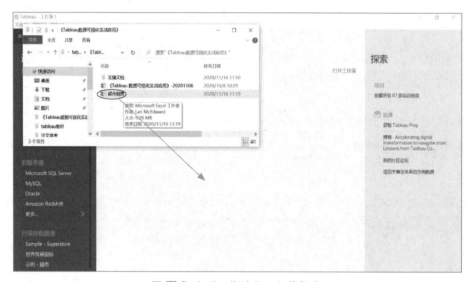

■ 图 2-1-4　拖动 Excel 数据表

■ 图 2-1-5　导入工作表信息

■ 图 2-1-6 工作表信息显示

观察数据，确认无误后，单击下方提示处的"工作表 1"，即可进入工作区接口，此时可视为成功连接到了 Excel 数据源，如图 2-1-7 所示。

另外，Tableau 也可连接到如上文提到的文本文件，连接操作同上。

■ 图 2-1-7 数据源视图——转到工作表

Tableau 也可读取 JSON 文件格式中的数据。JSON 是一种轻量级的数据交换格式，具有读写容易、易于机器解析、支持 Java 语言等特点。连接操作同上文。

Tableau 还可连接到统计文件。统计文件是 SAS、SPSS 和 R 等统计软件导出的数据文件。Tableau 具有很好的兼容性，能够满足日常统计分析中用户经常转换数据源的需求。连接操作同上文。

三、连接服务器数据源——Cloudera Hadoop

选择位于"到服务器"标题下方的"更多"，在右侧窗口中选择适当的服务器，有三种：Cloudera Hadoop、Hortonworks Hadoop Hive、MapR Hadoop Hive，如图 2-1-8 所示。然后输入连接所需的信息。接下来我们学习上面列举的三种数据源连接的操作。

1. Cloudera Hadoop

在开始页面上选择位于"到服务器"标题下方的"更多"，在右侧窗口中单击"ClouderaHadoop"，然后执行以下操作：

Step 01：在弹出的窗口中输入服务器地址、端口号。

Step 02：在"类型"下拉列表中选择要连接到的数据库类型 Hive Server2 或 Impala。

Step 03：在"身份验证"下拉列表中选择要使用的身份验证方法。

Step 04：单击"初始 SQL"以指定将在连接时运行一次的 SQL 命令。

Step 05：单击"确定"按钮。

如果连接不成功，需要验证用户名和密码是否正确。如果连接仍然失败，则说明计算机在定位服务器时遇到问题，需要联系网络管理员或数据库管理员，如图 2-1-9 所示。

■ 图 2-1-8　选择服务器

■ 图 2-1-9　连接到 Cloudera Hadoop

2．Hortonworks Hadoop Hive

在开始页面上选择位于"到服务器"标题下方的"更多"，在右侧窗口中单击"HortonworksHadoop Hive"，然后执行以下操作：

Step 01：在弹出的窗口中输入服务器地址、端口号，如图 2-1-10 所示。

Step 02：在"身份验证"下拉列表中选择要使用的身份验证方法。

Step 03：单击"初始 SQL"以指定将在连接时运行一次的 SQL 命令。

Step 04：单击"确定"按钮。

如果连接不成功，需要验证用户名和密码是否正确。如果连接仍然失败，则说明计算机在定位服务器时遇到问题，需要联系网络管理员或数据库管理员，如图 2-1-10 所示。

3．MapR Hadoop Hive

在开始页面上选择位于"到服务器"标题下方的"更多"，在右侧窗口中单击"MapRHadoop Hive"，然后执行以下操作：

Step 01：在弹出的窗口中输入服务器地址、端口号，如图 2-1-11 所示。

Step 02：在"身份验证"下拉列表中选择要使用的身份验证方法。

Step 03：单击"初始 SQL"以指定将在连接时运行一次的 SQL 命令。

Step 04：单击"确定"按钮。

如果连接不成功，需要验证用户名和密码是否正确。如果连接仍然失败，则说明计算机在定位服务器时遇到问题，需要联系网络管理员或数据库管理员，如图 2-1-11 所示。

需要说明的是，只要安装了相应的驱动，就可以使用 Hive 和 Impala 两种连接方式。连接建立之后，可以借助 Hive 或 Impala 来完成数据连接。

Tableau 连接数据库也可以是 MySQL、Microsoft SQL Server 等，MySQL 是一种关系数据库管理系统，将数据保存在表中而不是放在一个"大仓库"里，这样可以提速和增加灵活性。

图 2-1-10　连接到 Hortonworks Hadoop Hive 　　　图 2-1-11　连接到 MapR Hadoop Hive

四、数据类型和角色

Tableau 连接新数据源时，会将数据源中的信息分配给"数据"窗格的"维度"或"度量"区域，若字段包含分类数据（如名称、日期、地理数据等），Tableau 会分配给"维度"区域，若字段包含数字，Tableau 会分配给"度量"区域。

1. 维度和度量

Tableau 给"维度"和"度量"字段赋予了初始值，当单击并把信息从"数据"窗格拖到视图后，Tableau 将提供该信息的默认定义。

在图 2-1-7 中单击工作表 1 后，如图 2-1-12 工作表 1 所示，维度窗口显示的数据角色为维度，往往是一些分类、时间方面的定性字段，将其拖放到功能区时，Tableau 不会对其进行计算，而是对视图区进行分区，维度的内容显示为各区的标题。度量窗口显示的数据角色为度量，往往是数值字段。将其拖放到功能区时，Tableau 会进行聚合运算，同时，视图区将产生相应的轴。比如想展示各个市场的销售额，这时"市场"就是维度，"销售额"为度量。

图 2-1-12　工作表 1

Tableau 连接数据时会对各个字段进行评估，根据评估自动地将字段放入维度窗口或者度量窗口。通常 Tableau 这种分配是正确的，但有时也会出错，或者有时分析人员希望自己做转换。基于这种情况，例如把"折扣"转换到"维度"区域，可以观测每单交易具体折扣的分布情况。只需要将"折扣"拖放到"维度"区域中即可，该字段前面的图示也会从绿色变为蓝色，如图 2-1-13 所示。

■ 图 2-1-13　把折扣添加进维度

"维度"和"度量"字段有明显的区别，就是字段前的图示（类似 Abc、#）和颜色，"维度"是蓝色，"度量"是绿色，这种区别在 Tableau 创建视图的过程中，贯穿始终。

2. 离散和连续

连续指"构成一个不间断的整体"，离散指"各自分离且不同"。如果从"维度"区域中拖动字段到"行 / 列"，视图中生成的字段将默认为离散字段；如果从"度量"区域中拖动字段到"行 / 列"，生成的字段将默认为连续字段，并且会创建轴。

离散和连续是另一种数据角色分类，在 Tableau 中，蓝色是离散字段，绿色是连续字段。离散字段在行列功能区时总是在视图中显示为标题，而连续字段则在视图中显示为轴，如图 2-1-14 所示。

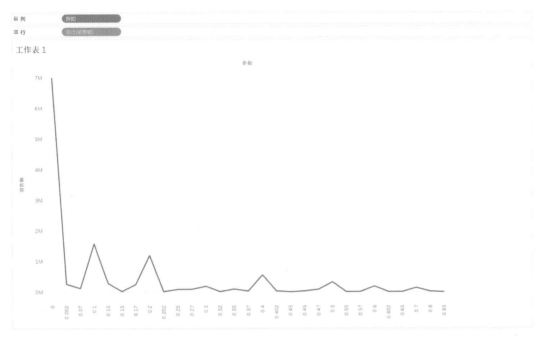

■图 2-1-14 离散和连续

"折扣"为离散类型时，"折扣"中每一个数字都是标题，字段颜色为蓝色。"折扣"为连续类型时，下方出现的是一条轴，轴上连续刻度，"折扣"是轴的标题，字段颜色为绿色。离散和连续类型可以相互转换，右击字段，在弹出的菜单中就有"离散"和"连续"命令，单击即可转换，如图 2-1-15 所示。

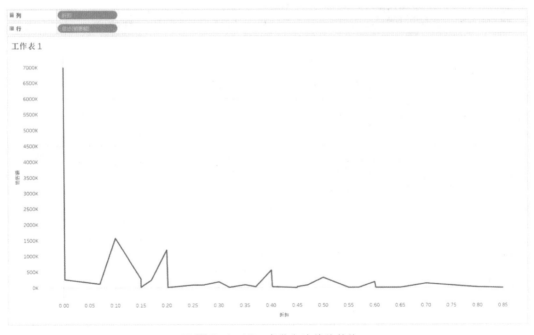

■图 2-1-15 离散和连续的转换

3. 字段类型及转换

如表 2-1-1 所示，Tableau 一般会自动对导入的资料分配字段类型，但有时候根据需求可以自己转换字段。在数据窗口中找到对应字段，单击下拉按钮，在"地理角色"中可以改变地理编码字段对应的角色，如"城市""省/市/自治区""国家/地区"等，如图 2-1-16 所示。

表 2-1-1 数据对应字段

数据窗口	字段类型	示 例
维度	文本	A,B, 中国
	日期	1/31/2021
	日期和时间	1/31/2021 08:00:00AM
	地理值	北京，纽约
	布尔值	True/False
度量	数字	1,2.6,30%
	地理编码	31,121

在"更改数据类型"中，可以改变相应字段的数据类型，如图 2-1-17 所示。

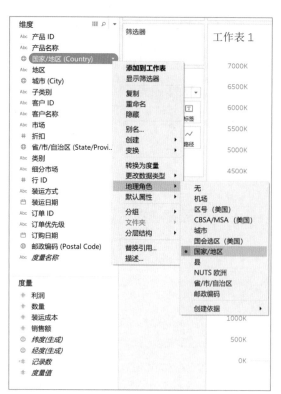

■ 图 2-1-16　选择地理角色　　　　■ 图 2-1-17　选择更改数据类型

思考和练习

1. Tableau 连接的数据源是否只支持本地文档而不支持关系型数据库或服务器呢？
2. Tableau 的数据源连接方式有_____。
3. 维度和度量字段有明显的区别，就是字段前的图示（类似 Abc、#）和颜色，维度是_____，度量是_____，这种区别在 Tableau 创建视图的过程中，贯穿始终。

知识拓展

在利用 Tableau 连接数据，跳转到工作表后，会将数据显示在工作区的左侧，称为数据窗口，其通常包含以下子窗口。

数据源窗口：位于数据窗口顶部，包含当前使用的数据源及其他可用数据源。

维度窗口：位于数据窗口中部，显示所连接数据源中的维度角色，包含诸如文本和日期等类别数据的字段。

度量窗口：位于数据窗口底部，显示所连接数据源中的度量角色，包含可以聚合的数字的字段。

集窗口：定义的对象数据的子集，只有创建了集，此窗口才可见。

参数窗口：可替换计算字段和筛选器中的常量值的动态占位符，只有创建了参数，此窗口才可见。

任务二 创建视图和标记卡的作用

创建视图和标记卡的作用

学习目标

◆ 能创建 Tableau 基本视图。
◆ 能使用 Tableau 的标记卡。

任务分析

在 Tableau 中，我们不仅要学会连接数据源，还要知道如何创建视图，为了使数据能更加直观地展示，还要对各类数据进行颜色、大小和添加标签的处理。下面学习如何进行上述操作。

任务实施

一、准备工作

在对 Tableau 的数据有了基本的认识后，我们便可以创建 Tableau 视图了。一个完整的

Tableau 可视化产品由多个仪表板构成，每个仪表板由一个或多个视图（工作表）按照一定的布局方式构成，因此视图是一个 Tableau 可视化产品最基本的组成单元。

二、创建视图

下面以制作一个简单的各地区利润柱状图为例。选定字段"地区"，将其拖动至列功能区，这时横轴就按照各地区名称进行了分区。各地区成了区标题。接着将字段"利润"拖动至行功能区，这时字段会自动显示成"总计（利润）"，视图区显示的就是各地区的累计利润柱状图，如图 2-2-1 所示。

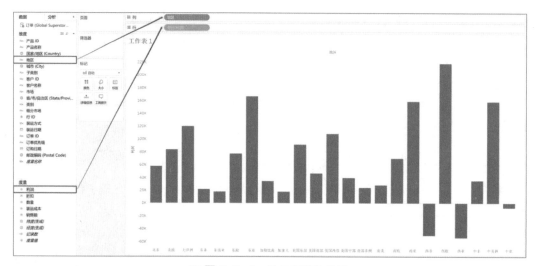

■ 图 2-2-1　显示利润柱状图

当然行列功能区可以不止拖放一个字段，例如，将"销售额"拖放到"总计（利润）"的右边，Tableau 这时会根据度量字段"利润"和"销售额"分别做出对应的轴，如图 2-2-2 所示。

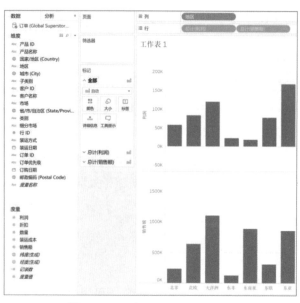

■ 图 2-2-2　度量——利润和销售额

行列功能区都可以存放维度和度量，只是横轴、纵轴的显示信息会相应地改变。例如，对于图 2-2-2，可以单击工具栏中的"交换行和列"功能图标（或按【Ctrl+W】组合键），将行、列上的字段互换，效果如图 2-2-3 所示。

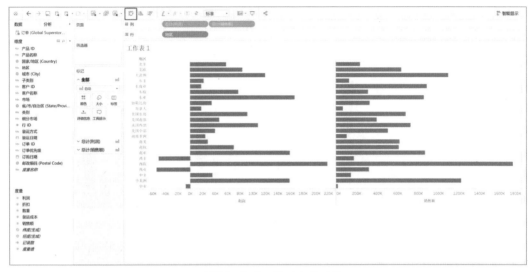

■ 图 2-2-3 行列字段互换

当度量字段被拖至行列功能区时，字段会自动显示成总计的形式，这反映了 Tableau 对度量字段进行了聚合运算，默认的聚合运算为总计。Tableau 支持多种不同的聚合运算，如总计、平均值、中位数、最大值、计数等。如果想改变聚合运算的类型，比如想计算各地区每单销售额的平均值，只需要在行功能或列功能的度量字段上右击"总计（销售额）"或单击右侧小三角，在弹出的菜单中选择"度量"→"平均值"命令即可，如图 2-2-4 所示。

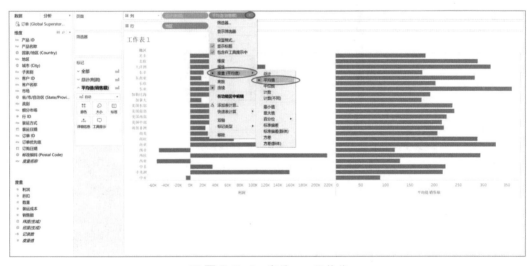

■ 图 2-2-4 度量——平均值

三、颜色、大小和标签

拖放"地区"到列功能区、"销售额"到行功能区，完成最简单的显示各地区累计销售额柱状图，如图 2-2-5 所示。

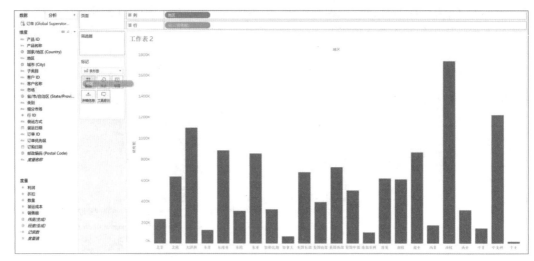

■ 图 2-2-5　各地区累计销售额柱状图

　　这时，如果想要不同的地区显示不同的颜色，可利用标记卡中的颜色来完成，只需将字段"地区"拖放到颜色中即可，如图 2-2-6 所示。

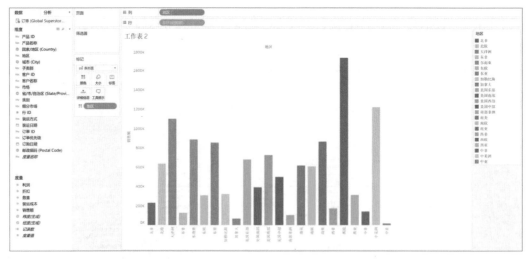

■ 图 2-2-6　显示不同颜色

　　这时标记功能区右侧会出现颜色图例，用以说明颜色与地区的对应关系。这时单击颜色图例右上角小三角，在弹出的菜单中选择"编辑颜色"命令，即可进入"编辑颜色"对话框，可以对不同的地区自定义不同的颜色，如图 2-2-7 所示。

　　比如将"东亚"的颜色改为深绿色，首先单击"东亚"，然后单击右侧调色板中的深绿色，最后单击"确定"按钮即可，如图 2-2-8 所示。

　　如果要对视图中的标记添加卷标，则可以利用标记卡上的卷标按钮。如想将销售额的数值显示在图上，则只需将字段"销售额"拖放到卷标按钮上即可，如图 2-2-9 所示。

　　目前的卷标显示的是各地区销售额的总计，如果想让卷标显示各地区销售额的总额百分比，可右击标记卡中的"总计（销售额）"或者单击右侧小三角标记，在弹出的菜单中选择"快速表计算"→"总额百分比"命令，这时视图中的标签将变为总额百分比。除此之外，单击卷标可对卷标的格式、显示方式等进行设置。卷标显示各地区销售额的总额百分比，如图 2-2-10 所示。

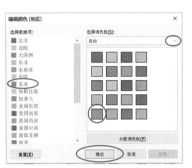

■ 图 2-2-7 编辑颜色   ■ 图 2-2-8 将"东亚"地区改为深绿色显示

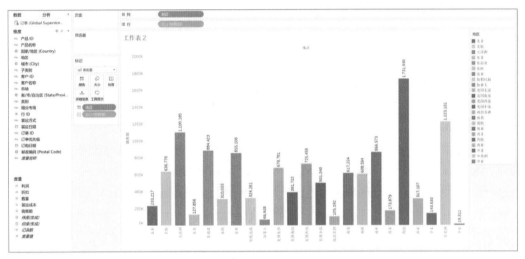

■ 图 2-2-9 将销售额拖至卷标按钮

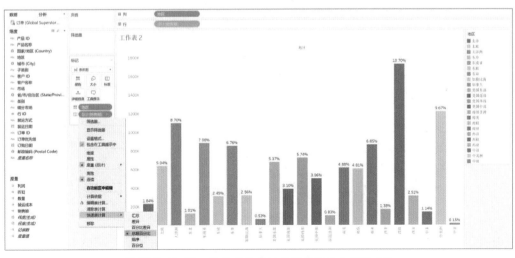

■ 图 2-2-10 卷标显示各地区销售额的总额百分比

大小按钮和颜色按钮类似，拖放字段到"大小"标记卡，即可根据该域值的大小改变视图中标记的大小。例如将"销售额"拖放到"大小"标记卡中，可得到图 2-2-11 所示效果，柱状图条形的粗细由销售额大小决定。该功能的用处会在后续特定的视图中有更具意义的展示，此处仅结合条形图作为功能示例讲解。

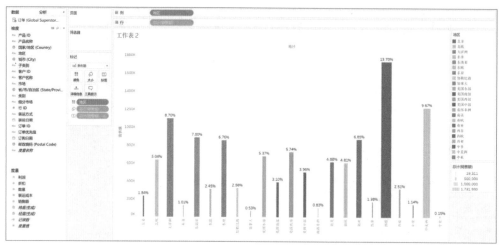

■ 图 2-2-11　改变视图中标记的大小

四、详细信息

详细信息的功能是依据拖放的字段对视图进行分解细化。下面以圆图为案例，将"地区"拖放到列功能区、"销售额"拖放到行功能区，标记类型选择"圆"，可得到图 2-2-12 所示效果。这时每个圆代表的值是该超市销往所有地区、2012 至 2015 年的销售额总和。

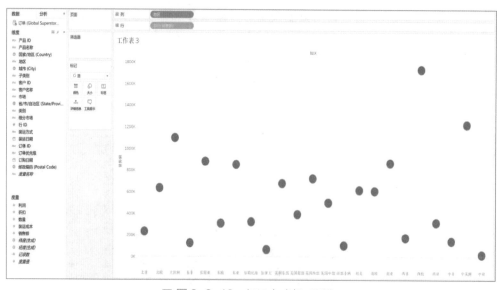

■ 图 2-2-12　标记卡选择"圆"

拖放字段"城市（City）"到"详细信息"，Tableau 会依据"城市（City）"进行分解细化，这时每个区的圆点解聚为多个圆点，每一个点代表该超市在销往相应地区某一城市的 2012 至

2015 年销售额总额，如图 2-2-13 所示。

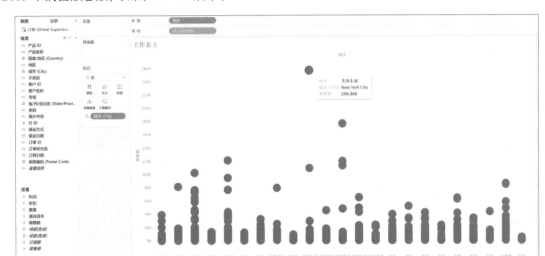

■ 图 2-2-13　"城市"至详细信息

同样，详细信息中可以根据多个字段进行分解细化，此时再拖放字段"订购日期"到"详细信息"，这时每个点再次解聚为 4 个圆点，每个点表示该超市销往相应地区某一城市某年销售额总和。圆点图如图 2-2-14 所示。

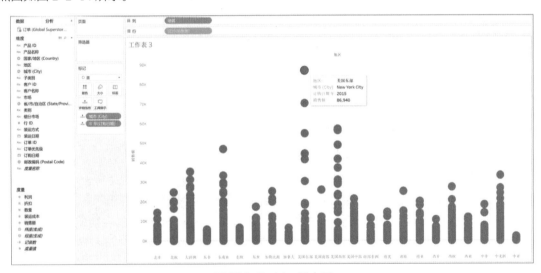

■ 图 2-2-14　圆点图

其实直接将字段拖放到"颜色""大小"标记卡上，也可以实现类似的分解细化功能，且可搭配使用。需要注意的是，颜色和大小只能放一个字段，而详细信息可以放多个。

本任务主要对 Tableau 创建视图需要的一些共性功能键进行了介绍，而对于特殊按钮的使用，会在后续章节的视图呈现中进行介绍。

五、工具提示

当鼠标指针移至视图中的标记上时，会自动跳出一个显示该标记信息的框，如图 2-2-14 所示，这便是工具提示的作用。单击"工具提示"按钮，将弹出编辑工具提示的对话框，可对这些内容进行删除、更改格式、排版等操作，如图 2-2-15 所示。

Tableau 会自动将"标记"卡和行列功能区的字添加到工具提示中，如果还需要添加其他信息，只需要将相应的字段拖放到标记卡中，例如将度量字段"利润"拖放到标记卡下方，这时单击工具提示就可以看到利润的总计在其中了，如图 2-2-16 所示。

■ 图 2-2-15　工具提示　　　　　　　■ 图 2-2-16　将"利润"拖放到标记卡

🎯 思考和练习

1. Tableau 的标记卡包含哪几项按钮？
2. Tableau 支持的聚合运算有_____。
3. 如果想要不同的地区显示不同的颜色，可利用_____中的_____来完成。
4. 详细信息的功能是依据拖放的_____进行分解细化。

🎯 知识拓展

一、Tableau 的功能区和视图区

页面卡： 可在此功能区上基于某个维度的成员或某个度量的值将一个视图拆分为多个视图。

筛选器卡： 指定要包含和排除的资料，所有经过筛选的字段都显示在筛选器上。

标记卡： 控制视图中的标记属性，包括一个标记类型选择器，可以在其中指定标记类型（如条、线、区域等）。此外，还包含颜色、大小、标签、文本、详细信息、工具提示、形状、路径和角度等控件，这些控件的可用性取决于视图中的字段和标记类型。

行列功能区： 分别用于行和列的创建，可将任意数量的字段放置在这两个功能区上。

视图区： 创建和显示视图的区域，一个视图就是行和列的集合，由以下组件组成：标题、轴、区、单元格和标记。除这些内容外，还可以选择显示标题、说明、字段标签、摘要和图例等。

标签栏： 位于工作区底端，显示已经被创建的工作表、仪表盘和故事的标签，或者创建新的工作的仪表盘或故事。

Tableau 的功能区和视图区如图 2-2-17 所示。

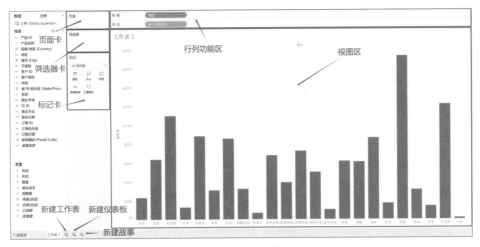

■ 图 2-2-17　Tableau 的功能区和视图区

二、Tableau 的标记卡

　　创建视图时，经常需要定义形状、颜色、大小、卷标等图形属性。在 Tableau 中，这些过程都将通过操作标记卡完成。标记卡样式如图 2-2-18 所示，标记卡上有 5 类按钮的图标，分别为"颜色""大小""文本""详细信息""工具提示"。这些按钮的使用非常简单，只需要把相应字段拖动到对应的按钮上即可，同时单击按钮还可以对细节、方式、格式等进行调整。此外还有 3 个特殊按钮，它们只有在选择了对应的标记类型时，才会显示出来，分别为线图对应的路径、形状图形对应的形状、饼图对应的角度。Tableau 的标记卡如图 2-2-18 所示。

■ 图 2-2-18　Tableau 的标记卡

任务三　页面和筛选器

页面和筛选器

◎ 学习目标

◆ 了解 Tableau 的页面和筛选器。

◆ 能使用 Tableau 的页面及筛选器，并能进行排序处理。

◆ 能使用 Tableau 的导出功能。

◎ 任务分析

　　在完成基本图表的制作后，就可以使用数据筛选器了。筛选器在 Tableau 中的作用非常大，例如根据筛选器中的字段，筛选该字段所在数据源的所有记录。也可以根据所需要筛选的信息，设置筛选器的格式，如单值、多值、列表、滑块、通配符等。

在 Tableau 中，为了使数据更加清晰，可以对数据进行排序处理，最终还可以导出数据，汇出工作簿。下面学习该操作。

 任务实施

一、页面功能展示

将一个字段拖放到页面卡会形成一个页面播放器，这样的播放器可以让工作表更加灵活。为了更好地展示页面功能，新建一个工作表，拖放字段"订购日期"到列功能区，Tableau 默认"订购日期"为年，可手动转换为月，拖放"利润"到行功能区，标记类型选择为圆，如图 2-3-1 所示。

按住【Ctrl】键，从功能区拖放复制一份字段"月（订购日期）"到页面卡，单击播放器的播放键，可以让视图动态播放出来，选择"显示历史记录"可以设置播放的效果。例如设置标记显示内容为"全部"，显示设置为"两者"，轨迹格式设置为直线，透明度设置为 30%，单击"播放"按钮可看到跃动的半透明的轨迹，如图 2-3-2 所示。

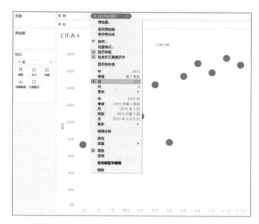

■ 图 2-3-1　订购日期"年"改为"月"

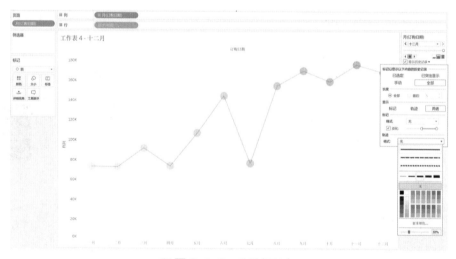

■ 图 2-3-2　设置标记卡

二、筛选器

在数据呈现时，若只想让 Tableau 展示某一部分数据，例如只看 12 月的销售额、只看该超市销往美国的利润、折扣大于 20% 的订单数据等，此时就可以通过筛选器完成上述选择。拖放任一字段（无论维度还是度量）到筛选卡中，都会成为该视图的筛选器。以图 2-3-3 为例，拖放字段"市场"至筛选器卡，会自动弹出"筛选器"对话框，通过从列表中勾选需要展现的市场，如欧美市场，勾选"欧洲""美国"，单击"确定"按钮后，字段"市场"就显示在筛选器中了。

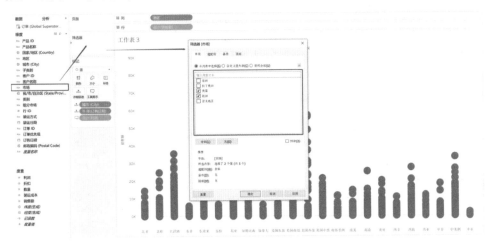

■ 图 2-3-3　筛选器对话框

将字段拖放到筛选器卡后，可以将筛选器显示出来，右击或单击右侧小三角形，在弹出的菜单中选择"显示筛选器"命令即可。这时工作表的右侧会显示筛选器，即可进行筛选操作，并且可以对筛选器的表现形式、功能选项等进行设置，如图 2-3-4 所示。

可以将该筛选器应用于以下情况。

使用相关数据源的所有项：根据筛选器中的字段，在所有已连接的数据源中，筛选拥有该字段数据源的所有记录。

使用此数据源的所有项：根据筛选器中的字段，筛选该字段所在数据源的所有记录。

选定工作表：根据筛选器中的字段，仅筛选选定的某些工作表。

仅此工作表：根据筛选器中的字段，仅筛选此工作表。

也可以根据所需要筛选的信息，设置筛选器的格式，如单值、多值、列表、滑块、通配符等，如图 2-3-5 所示。

■ 图 2-3-4　显示筛选器

■ 图 2-3-5　设置筛选器格式

Tableau 提供了多种筛选方式,筛选器对话框中有"常规""通配符""条件""顶部"4 个选项卡,每个选项卡中都有相应的筛选方式,大大丰富了筛选的操作形式。例如要筛选出按销售额排名前十的地区,则可选择"顶部"选项卡,选择"按字段"单选按钮,在该选项区中设置"顶部""10",依据为"销售额""总计",如图 2-3-6 所示。

可以从筛选后的视图中看到,排名前十的有美国东西部、北欧、东亚等 10 个地区,如图 2-3-7 所示。

或者可以将度量字段设置为筛选器,操作方法与此相同,只是筛选依据的是连续的值。比如要显示年销售额为 2 000~20 000 的城市,如图 2-3-8 所示。

■ 图 2-3-6　筛选销售额排名前十的地区

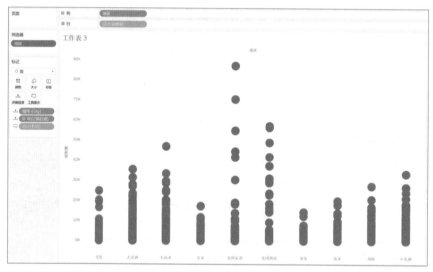

■ 图 2-3-7　视图窗口

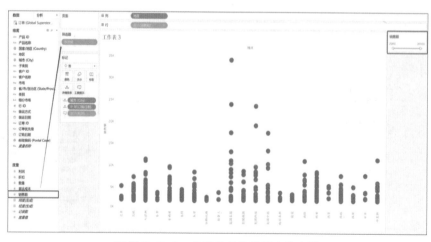

■ 图 2-3-8　将度量字段设置为筛选器

三、排序处理

在行、列选项中，选中要作为排序依据的一项，如图 2-3-9 所示，单击行选项中的利润，然后单击功能栏中的"升序"或者"降序"按钮，图 2-3-9 所示排序设置为利润升序。

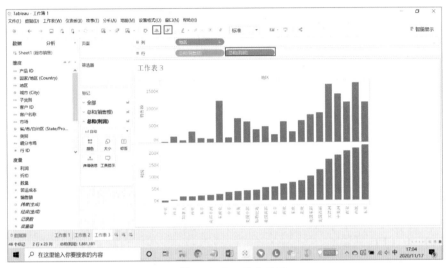

■ 图 2-3-9　排序设置

四、导出数据

导出数据的方法有如下几种：

（1）在视图上右击并在弹出的菜单中选择"全选"命令，或者在视图上右击，在弹出的菜单中选择"复制"→"数据"命令，这样将会把视图中的数据复制到剪贴板中。打开 Excel 工作表，然后将数据粘贴到新工作表中即可导出数据，如图 2-3-10 所示。

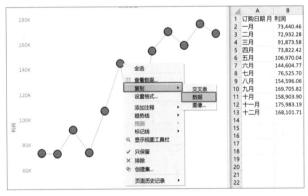

■ 图 2-3-10　选择"复制"并单击"数据"

（2）在视图上右击，在弹出的菜单中选择"查看数据"命令，弹出"查看数据"对话框。在其中选择要复制的数据，然后单击"复制"按钮即会把视图中的数据复制到剪贴板中，打开 Excel 工作表，然后将数据粘贴到新工作表中，即可导出数据，如图 2-3-11 所示。

（3）单击"全部导出"按钮，弹出"导出数据"对话框，在这里选择一个用于保存导出数据的位置，然后单击"保存"按钮，即可将全部数据导出为逗号分隔的文档，如图 2-3-12 所示。

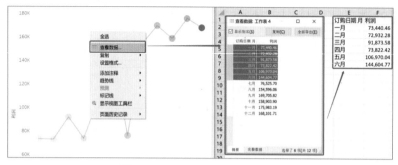

■ 图 2-3-11　"查看数据"对话框

■ 图 2-3-12　导出数据并保存

（4）右击视图，在弹出的菜单中选择"复制"→"交叉表"命令，从而把交叉表形式的视图数据复制到剪贴板。然后打开 Excel 工作表，将数据粘贴到新的工作表中，即可导出数据。但不能对解聚的数据视图使用此种方法导出数据，因为交叉表是聚合数据视图。换言之，若要使用此方法导出数据，必须选择"分析"→"聚合度量"命令，如图 2-3-13 所示。

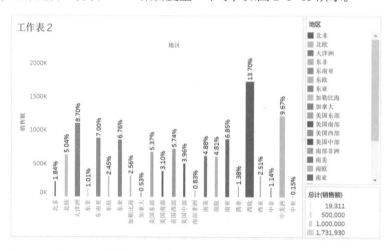

■ 图 2-3-13　工作表 2

（5）利用"数据提取"导出数据源。右击左侧数据窗口中的数据集，在弹出的菜单中选择"提取数据"命令（见图 2-3-14），弹出"提取数据"对话框。在"提取数据"对话框中，可以定义筛选器来显示将提取的数据，也可以指定是否聚合数据来进行数据提取（如果对数据进行聚合可以最大限度地减小数据提取文件的大小并提高性能，如按照月度聚合数据），还可以选定想要提取的资料行数，或者指定数据的刷新方式（增量刷新或者完全刷新），完成后单击"数据提取"按钮，如图 2-3-15 所示。在随后显示的对话框中选择一个用于保存提取数据的位置，并为提取的文件命名，单击"保存"按钮即可创建资料提取文件（.tde）并完成数据源的导出。

■ 图 2-3-14　选择"提取数据"命令

■ 图 2-3-15　"提取数据"对话框

用这种方式导出数据源有很多好处：可以避免频繁连接数据库，从而减轻数据库负载；若进行包含数据样本的数据提取，在制作视图时，不必在每次将字段放到功能区上时都执行耗时的查询，因此可以提高性能；在不方便新建数据源服务器时，数据提取可提供对数据的脱机访问，进行脱机分析；而且当基础数据发生改变时，还可以刷新数据提取，与数据库服务器端的数据保持一致。

五、导出工作簿

视图创建完成后需要保存结果，Tableau 工作簿提供两种存储格式。

Tableau 工作簿（*.twb）：该类型将所有工作表及其连接信息保存在工作簿文件中，但不包括数据，如图 2-3-16 所示，选择"文件"→"保存"命令。

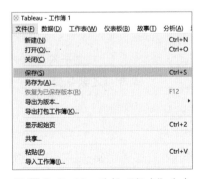

■ 图 2-3-16　选择"保存"命令

Tableau 打包工作簿（*.twbx）：该类型将包含所有工作表、其连接信息以及任何其他资源，如数据、背景图片等，如图 2-3-17 所示。

■ 图 2-3-17 "另存为"对话框

除此之外，还可以直接导出视图图片。选择"工作表"→"导出"→"图像"命令，如图 2-3-18 所示。

在弹出的"导出图像"对话框中选择包括在图像中的内容以及图例布局，然后单击"保存"按钮，在弹出的对话框中选择要保存的路径并命名，即可导出视图的静态图片文件，如图 2-3-19 所示。

■ 图 2-3-18 导出"图像"

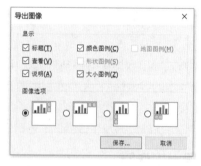

■ 图 2-3-19 "导出图像"对话框

思考和练习

1. 如果想将完成的 Tableau 视图发布到其他平台或直接分享给其他人，则更合适的导出方法是什么？

2. 在"提取数据"对话框中，可以_____来显示将提取的数据，也可以_____来进行数据提取，还可以选定想要提取的_____，或者指定数据的_____，完成后单击"数据提取"按钮。

知识拓展

Tableau 筛选器包含数据提取筛选器、数据源筛选器、上下文筛选器、维度筛选器、度量筛选器。

项目归纳与小结

阿洪："小娅，你来总结一下今天学习的内容吧。"

小娅："好的，本项目学习了数据源的连接、数据类型和角色、创建视图、标记卡、页面和筛选器。在每个任务中都操作了 Tableau 可视化实现的步骤，这些都是 Tableau 的基础操作。"

阿洪："没错，你学习得很认真。不过不要忘了之后的实操演练，通过实际操作来巩固今天所学的知识。"

实操演练

本项目以超市销售数据为依托进行了数据源的连接、数据类型和角色、创建视图、标记卡、页面和筛选器的学习。下面以 G 品牌奶片销售 1 数据为依据，请进行以下图表制作：

1. 建立销售额条形图（结果参考图 2-3-20 所示产品销售额条形图）。

（1）对视图中的标记添加卷标。

（2）将条形图改为彩色。

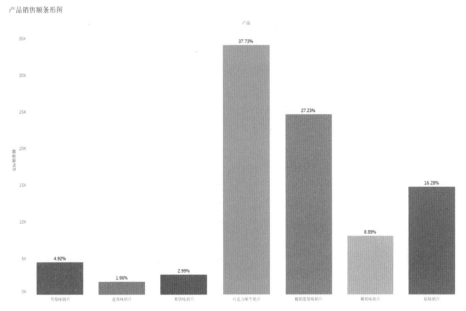

图 2-3-20 产品销售额条形图

2. 建立销售额折线图（结果参考图 2-3-21 所示产品销售额折线图）。

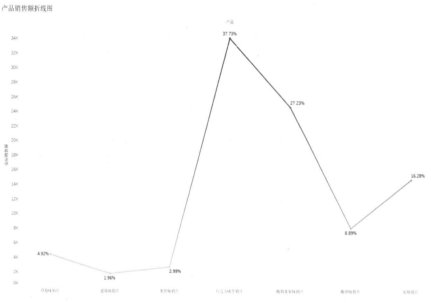

图 2-3-21　产品销售额折线图

3. 在建立的两个图表上进行实际销售额排序（结果参考图 2-3-22 所示产品销售额条形图），筛选出销售额大于 3 000 的口味，按升序排序。

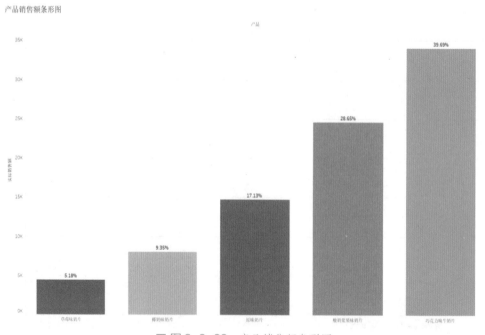

图 2-3-22　产品销售额条形图

项目评价

项目实训评价			
评　价　项　目	评价		
	完全实现	基本实现	继续学习
任务 1　数据类型和角色			
学习目标 使用 Tableau 工具连接数据源 能使用 Tableau 工具连接数据源 知道 Tableau 的数据类型和角色 能概述 Tableau 的数据类型和角色			
任务 2　创建视图和标记卡的作用			
学习目标 创建 Tableau 基本视图 能准确创建 Tableau 基本视图 使用 Tableau 的标记卡 能灵活运用 Tableau 的标记卡			
任务 3　页面和筛选器			
学习目标 了解 Tableau 的页面和筛选器 能概述 Tableau 的页面和筛选器 使用 Tableau 的页面及筛选器，并能进行排序处理 能灵活运用 Tableau 的页面及筛选器，并进行排序处理 使用 Tableau 导出功能 能灵活运用 Tableau 导出所需的相关数据			

项目三

尝试

——绘制 Tableau 图表

 情景

小娅：“阿洪前辈，领导让我把这些数据用图表来表示，之前做的图表，总说不直观、不好看。您看到底要怎么修改啊？”

阿洪：“图表的类型可多了，饼图、条形图、树状图、折线图等。首先你要分析数据，通过数据的类型选择合适的图表进行展示。下面先教你几个常用、美观的图表绘制方法。”

本项目将以全球超市销售数据及常见可视化需求为例，介绍类视图的创建方法，并对类视图分别进行变式展开，提供多元化的可视化分析方法与思路。表 3-0-1 所示为该数据的元数据展示。

表 3-0-1 元数据展示

字 段	描 述	示 例
行 ID	数据行号	20422
订单 ID	订单编号	IN-2013-KC1625527-41364
订购日期	该订单中所包含商品的订购日期	2013/3/31
装运日期	该订单中所包含商品的装运日期	2013/4/5
装运方式	该订单中所包含商品的装运方式	标准级
客户 ID	该订单客户编号	KC-1625527
客户名称	该订单客户名称	Karen Carlisle
细分市场	该订单面向的客户群	公司
邮政编码	该订单收货地邮政编码	缺失
城市（City）	该订单收货地所在城市	上海
省/市/自治区（State/Province）	该订单收货地所在省/市/自治区/州	上海
国家/地区（Country）	该订单收货地所在国家/地区	中国

续表

字　段	描　述	示　例
地区	该订单收货地所在地区	东亚
市场	该订单面向的市场	亚太地区
产品 ID	该订单中所包含商品的编号	OFF-FA-6190
类别	该订单中所包含商品的类别	家具
子类别	该订单中所包含商品的细化类别	桌子
销售额	该订单中商品售价	$1,269.91
数量	该订单中商品数量	2
折扣	该订单中商品折扣	0.3
利润	该订单中商品的利润	-$36.29
装运成本	该订单中商品的装运成本	109.86
订单优先级	该订单邮寄的优先级	高

任务一　文本表、直方绘制

文本表绘制　　　直方图绘制

 学习目标

◆能绘制 Tableau 文本表。

◆能绘制 Tableau 直方图。

 任务分析

文本表随处可见。或许你没有意识到，在生活中，电影放映列表、菜单价格、商品目录、NBA 赛绩、电话通讯录等，都属于文本表。直方图则主要是由一系列高度不等的纵向条纹表示数据分布的情况，它是一种统计报告图形，横轴一般表示数据类型，纵轴一般表示分布情况。接下来让我们一起学习一下这两种图表的制作。

 任务实施

一、文本表

1. 文本表概述

对于一个陌生的数据集，通常希望能够对数据的各个维度和度量有一个大致的了解，知道数据的梗概及基本情况。此时可通过简单操作生成一张文本表来帮助我们认识以及熟悉数据。

Step 01：新建一页工作表，重命名为"文本表 - 梗概"。

Step 02：将维度"度量名称"拖至列功能区，将度量"度量值"拖至标记卡文本处，如图 3-1-1 所示。

注意：Tableau 便会自动将所有能够展示在文本表中的度量都呈现在视图区中，此时可以得知，该数据共有 61 391 条数据，并且能够知道销售额、利润、数量等的字段信息。

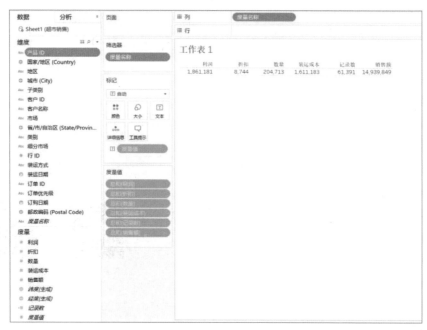

■ 图 3-1-1 "度量名称"拖至列功能区，"度量值"拖至标记卡文本处

Tableau 的默认聚合运算是"总计"，但在文本表的六个度量中，字段"折扣"不适用于总计的聚合运算，将折扣累加起来不具备现实意义；并且，"利润""销售额"等字段以及"折扣"字段，分别以货币金额和百分比的形式出现更为合理。所以这里要做两种类型的变换操作。

Step 03：在标记卡下方的度量值卡中，右击"总计（折扣）"或单击其右侧小三角，在"度量（总计）"中选择"平均值"，如图 3-1-2 所示设置平均值。

Step 04：在标记卡下方的度量值卡中，右击"平均值（折扣）"或单击其右侧小三角，在下拉菜单中选择"设置格式"。在左侧弹出的"设置平均值（折扣）格式"窗口中，单击"数字"格右侧小三角，选择"百分比"格式，"小数点数"设置为"1"，如图 3-1-3 所示。此时视图中文本表的"平均值（折扣）"呈现为百分比的形式。

Step 05：在标记卡下方的度量值卡中，右击"总计（利润）"或单击其右侧小三角，在下拉菜单中选择"设置格式"，如图 3-1-4 所示。

Step 06：在左侧弹出的"设置总计（利润）格式"窗口中，单击"数字"格右侧小三角，选择"货币（自定义）"格式，将"单位"设置为"百万（M）"，"前缀"设置为"$"。此时视图中文本表的"总计（利润）"呈现为以百万为单位的美元货币形式，如图 3-1-5 所示。

■ 图 3-1-2 设置平均值

■ 图 3-1-3 默认值窗口

■ 图 3-1-4 设置总计（利润）格式窗口

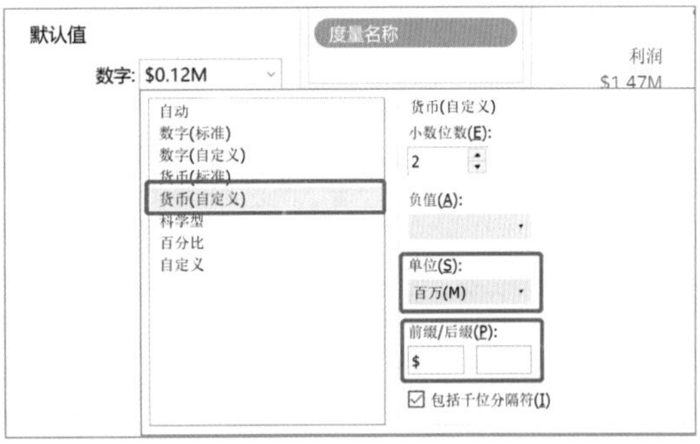

■ 图 3-1-5 默认值窗口

同理，对"总计（装运成本）"和"总计（销售额）"进行与利润同样的格式转换，可得到图 3-1-6 所示的文本表。

利润	平均值 折扣	数量	装运成本	记录数	销售额
$1.86M	14.2%	204,713	$1.61M	61,391	$14.94M

■ 图 3-1-6 转换"装运成本"和"销售额"

此时，框架已经搭建起来，可以通过向行功能区中添加不同维度字段，将该文本表按该维度展开，观察不同维度下，各个度量的值之间的比较。

Step 07：将维度"市场"拖至行功能区，适当调整文本表的宽度和高度，可得到图 3-1-7 所示的数据图表。

市场	利润	平均值 折扣	数量	装运成本	记录数	销售额
非洲	$0.14M	15.7%	10,148	$0.09M	4,587	$0.78M
拉丁美洲	$0.27M	12.7%	48,613	$0.27M	13,542	$2.49M
美国	$0.35M	15.2%	42,864	$0.30M	12,339	$2.81M
欧洲	$0.45M	9.1%	39,856	$0.35M	11,729	$3.29M
亚太地区	$0.65M	17.5%	63,232	$0.60M	19,194	$5.57M

■ 图 3-1-7 数据图表

此时文本表已经按"市场"维度展开，如果仍然想显示总计在文本表中，可以通过如下操作实现。

Step 08：选择"分析"→"合计"→"显示列总计"命令，如图 3-1-8 所示。

最后就呈现出完整的图，如图 3-1-9 所示。

2. 文本表 – 颜色编码

通过文本表，可以完整地将结果呈现在用户面前，但从视觉上略显单调，可以通过简单的操作，对文本表中的数值内容进行颜色编码。这里以不同颜色呈现该超市的各子类别年度销售利润盈亏为例。

Step 01：新建一页工作表，重命名为"文本表 - 颜色编码"。

Step 02：将维度"订购日期"拖至列功能区，将维度"子类别"拖至行功能区，将度量"利润"拖至标记卡的文本按钮上，如图 3-1-10 所示。

■ 图 3-1-8　"显示列总计"命令

市场	利润	平均值 折扣	数量	装运成本	记录数	销售额
非洲	$0.14M	15.7%	10,148	$0.09M	4,587	$0.78M
拉丁美洲	$0.27M	12.7%	48,613	$0.27M	13,542	$2.49M
美国	$0.35M	15.2%	42,864	$0.30M	12,339	$2.81M
欧洲	$0.45M	9.1%	39,856	$0.35M	11,729	$3.29M
亚太地区	$0.65M	17.5%	63,232	$0.60M	19,194	$5.57M
总和	$1.86M	14.2%	204,713	$1.61M	61,391	$14.94M

■ 图 3-1-9　数据图表

<table>
<tr><td colspan="5">文本表-颜色编码</td></tr>
<tr><td></td><td colspan="4">订购日期</td></tr>
<tr><td>子类别</td><td>2012</td><td>2013</td><td>2014</td><td>2015</td></tr>
<tr><td>摆件</td><td>4,171</td><td>4,546</td><td>4,736</td><td>6,906</td></tr>
<tr><td>冰箱</td><td>19,202</td><td>37,350</td><td>44,017</td><td>46,111</td></tr>
<tr><td>器具</td><td>28,021</td><td>35,166</td><td>49,861</td><td>60,088</td></tr>
<tr><td>橱柜</td><td>38,385</td><td>42,400</td><td>60,688</td><td>76,353</td></tr>
<tr><td>工艺品</td><td>8,178</td><td>7,685</td><td>9,015</td><td>9,704</td></tr>
<tr><td>桓子</td><td>9,456</td><td>11,080</td><td>18,067</td><td>18,862</td></tr>
<tr><td>海报</td><td>6,183</td><td>9,554</td><td>13,163</td><td>11,744</td></tr>
<tr><td>空调</td><td>10,410</td><td>17,045</td><td>20,856</td><td>19,059</td></tr>
<tr><td>绿植</td><td>3,354</td><td>4,552</td><td>4,738</td><td>6,560</td></tr>
<tr><td>书架</td><td>33,055</td><td>28,472</td><td>50,075</td><td>70,797</td></tr>
<tr><td>贴纸</td><td>14,050</td><td>14,230</td><td>21,828</td><td>25,248</td></tr>
<tr><td>微波炉</td><td>66,955</td><td>53,781</td><td>57,083</td><td>82,385</td></tr>
<tr><td>洗衣机</td><td>36,143</td><td>61,043</td><td>80,150</td><td>114,610</td></tr>
<tr><td>椅子</td><td>33,907</td><td>33,702</td><td>48,334</td><td>51,010</td></tr>
<tr><td>艺术</td><td>15,001</td><td>18,960</td><td>22,341</td><td>28,107</td></tr>
<tr><td>装订机</td><td>14,421</td><td>23,698</td><td>26,117</td><td>29,934</td></tr>
<tr><td>桌子</td><td>-10,189</td><td>-6,440</td><td>-17,116</td><td>-37,779</td></tr>
</table>

■ 图 3-1-10　窗口面板

Step 03：在标记卡下方的度量值卡中，右击"总计（利润）"或单击其右侧小三角，在下拉菜单中选择"设置格式"。在左侧弹出的"设置总计（利润）格式"窗口中，单击"数字"文本框右侧小三角，选择"货币（自定义）"格式，"小数点数"设置为"0"，前缀设置为"$"，如图 3-1-11 所示。

Step 04：得到图 3-1-12 所示文本表"颜色编码"。

■ 图 3-1-11 度量值卡

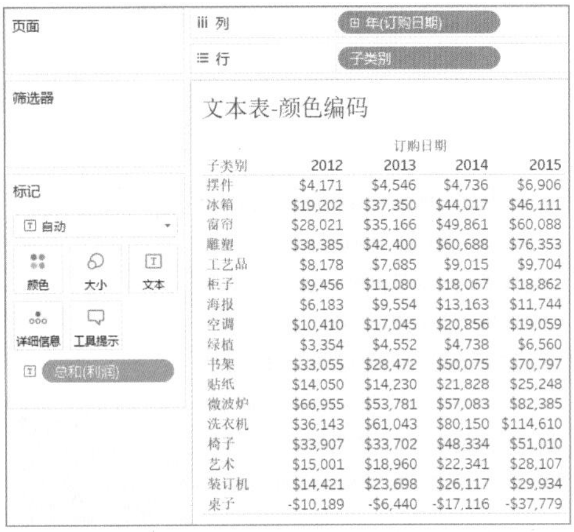

■ 图 3-1-12 文本表"颜色编码"

利用标记卡中的颜色按钮给纯黑色文本上色，利用颜色反映某个维度或者度量的信息。

Step 05：将度量"利润"拖至标记卡的颜色按钮上，得到如下颜色编码文本表，右上角出现颜色图例，颜色由橙变灰至蓝，对应利润额从小到大的变化，如图 3-1-13 所示。

■ 图 3-1-13 颜色编码文本表

Tableau 对于度量这类连续型变量自动选择的颜色变化较为丰富，但一般希望通过两种颜色来反映数值的正负情况，则进行以下操作。

Step 06：单击标记卡中的颜色按钮，在弹出的窗口中单击"编辑颜色"按钮，在弹出的窗口中进行设置，如图 3-1-14 标记卡所示。

Step 07：勾选“渐变颜色”复选框，并设置为“2 阶”，单击“高级”按钮，在弹出的下半部窗口中勾选“中心”复选框，设置为“0”，如图 3-1-15 所示。

■ 图 3-1-14　标记卡

用棕红色表示负利润额，深蓝色表示正利润额。再进行适当的宽度和高度调整，得到图 3-1-16 所示的最终颜色编码文本表。

3. 文本表－热力图

与颜色编码的文本表类似，通常人们会以特殊高亮的形式显示区块信息，诸如访客热衷的页面区域、访客所在的地理区域的图示等，这类图表称为热力图。这里以上一小节中的子类别年度利润额图表为例，进行热力图的创建。

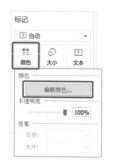

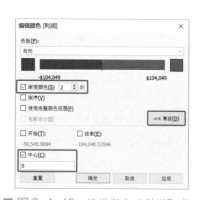

■ 图 3-1-15　编辑颜色“利润”窗口

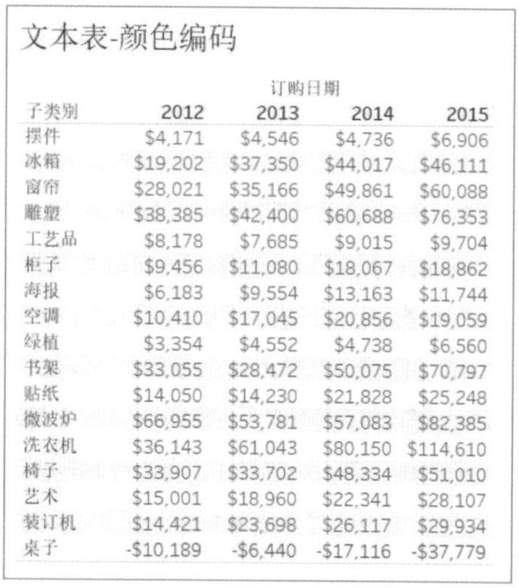

文本表-颜色编码

子类别	订购日期 2012	2013	2014	2015
摆件	$4,171	$4,546	$4,736	$6,906
冰箱	$19,202	$37,350	$44,017	$46,111
窗帘	$28,021	$35,166	$49,861	$60,088
雕塑	$38,385	$42,400	$60,688	$76,353
工艺品	$8,178	$7,685	$9,015	$9,704
柜子	$9,456	$11,080	$18,067	$18,862
海报	$6,183	$9,554	$13,163	$11,744
空调	$10,410	$17,045	$20,856	$19,059
绿植	$3,354	$4,552	$4,738	$6,560
书架	$33,055	$28,472	$50,075	$70,797
贴纸	$14,050	$14,230	$21,828	$25,248
微波炉	$66,955	$53,781	$57,083	$82,385
洗衣机	$36,143	$61,043	$80,150	$114,610
椅子	$33,907	$33,702	$48,334	$51,010
艺术	$15,001	$18,960	$22,341	$28,107
装订机	$14,421	$23,698	$26,117	$29,934
桌子	-$10,189	-$6,440	-$17,116	-$37,779

■ 图 3-1-16　最终颜色编码文本表

Step 01：基于上一小节视图，单击标记卡中“自动”菜单右侧小三角，在弹出的菜单中选择“方形”，如图 3-1-17 所示，即可得到图 3-1-18 所示类似 Microsoft Excel 中的条件格高亮格式。

■ 图 3-1-17　标记卡

子类别	订购日期 2012	2013	2014	2015
摆件	4,171	4,546	4,736	6,906
冰箱	19,202	37,350	44,017	46,111
窗帘	28,021	35,166	49,861	60,088
雕塑	38,385	42,400	60,688	76,353
工艺品	8,178	7,685	9,015	9,704
柜子	9,456	11,080	18,067	18,862
海报	6,183	9,554	13,163	11,744
空调	10,410	17,045	20,856	19,059
绿植	3,354	4,552	4,738	6,560
书架	33,055	28,472	50,075	70,797
贴纸	14,050	14,230	21,828	25,248
微波炉	66,955	53,781	57,083	82,385
洗衣机	36,143	61,043	80,150	114,610
椅子	33,907	33,702	48,334	51,010
艺术	15,001	18,960	22,341	28,107
装订机	14,421	23,698	26,117	29,934
桌子	-10,189	-6,440	-17,116	-37,779

■ 图 3-1-18　面板

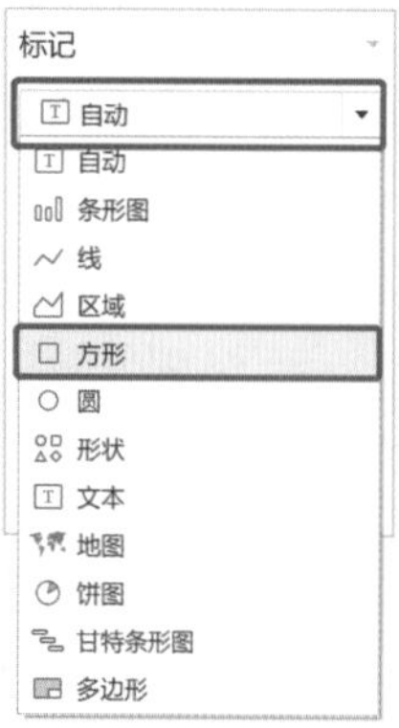

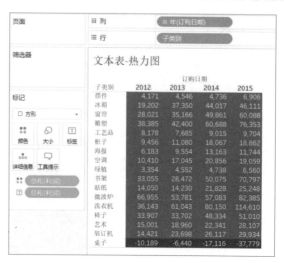

Step 02：单击标记卡中的颜色按钮，单击"编辑颜色"，在弹出的对话框中取消勾选"渐变颜色"与"中心"复选框，如图 3-1-19 所示，即可得到图 3-1-20 所示的热力图。颜色由橙色 - 灰色 - 蓝色，依次表示数值的大小。

■ 图 3-1-19　编辑颜色"利润"对话框

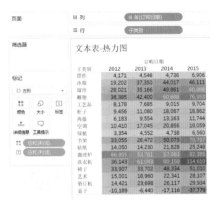

■ 图 3-1-20　面板

4. 文本表 - 高级

在文本表中，不仅可以利用颜色来增加视觉效果，必要时，还可以结合图例来呈现数据，这里以同时呈现销售额、利润、平均折扣为例，结合热力图进行讲解。

Step 01：新建一页工作表，重命名为"文本表 - 高级"。

Step 02：将维度"子类别"拖至行功能区、维度"度量名称"拖至列功能区、度量"度量值"拖至"标记卡文本"按钮上，再将度量"度量值"拖至"标记卡颜色"按钮上，将标记类型从"文本"修改为"方形"，得到图 3-1-21 所示高级文本表。

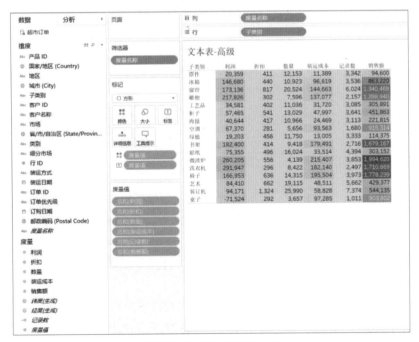

■ 图 3-1-21　高级文本表

从图中可以看到，热力图的数值区域范围是基于所有数值而生成的，这将使数值大的"销售额"列几乎都是深蓝色，数值小的折扣列和数量列都是灰色，导致没有区分度。而如果将某一度量字段拖至颜色按钮上，则 Tableau 会按照该字段的范围给整行上色，这也违背了按列显示数值大小的初衷，这里提出一个占位符的解决办法，进行如下操作。

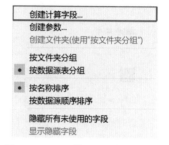

Step 03：右击左侧数据窗口空白处，在弹出的快捷菜单中选择"创建计算字段"命令，如图 3-1-22 所示。

Step 04：在窗口中分别输入下列内容，单击"确定"按钮，重复操作两次，生成维度字段"容器"与度量字段"占位符"，如图 3-1-23 所示。

■ 图 3-1-22　　"创建计算字段"命令

■ 图 3-1-23　　"容器"窗口和"占位符"窗口

Step 05：将维度"子类别"拖至行功能区、维度"容器"拖至行功能区，将度量"占位符"拖至列功能区两次。观察到左侧标记卡出现了 3 层结构，分别为"全部"、"总计（占位符）"和"总计（占位符）（2）"，如图 3-1-24 所示。

Step 06：将度量"销售额"拖至标记卡"总计（占位符）"的颜色按钮中，并修改标记类型为"方形"，如图 3-1-25 所示。

Step 07：将度量"销售额"拖至标记卡"总计（占位符）（2）"的文本按钮中，并修改标记类型为"文本"，如图 3-1-26 所示。即可得到图 3-1-27 所示"2.1.4"高级文本表内容。

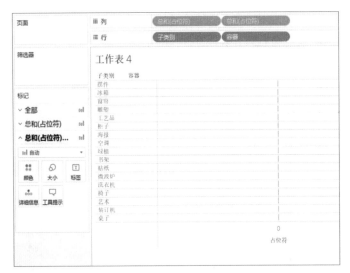

■ 图 3-1-24　面板

■ 图 3-1-25　标记卡 - 方形

■ 图 3-1-26　标记卡 - 文本

■ 图 3-1-27　"2.1.4" 高级文本表

Step 08：单击列功能区中"总计（占位符）"右侧小三角，在下拉菜单中选择"双轴"，则可将两个占位符中的内容重叠起来，单击左侧标记卡"总计（占位符）"中的"大小"按钮，在出现的滑块框中，将滑块滑至最右侧，如图 3-1-28 所示。

可得到如图 3-1-29 所示工作表 4-1。

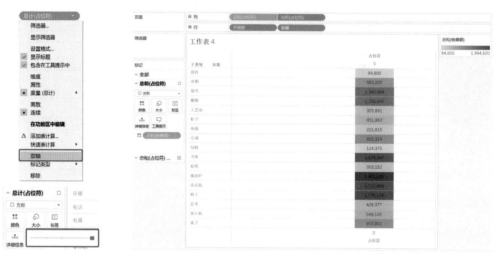

■ 图 3-1-28　设置"总计（占位符）"　　　　■ 图 3-1-29　工作表 4-1

同理，额外拖动两个"占位符"至列功能区。

Step 09：单击左侧标记卡"总计（占位符）（3）"，将度量"利润"拖至该标记卡颜色按钮中，修改标记类型为"方形"；单击左侧标记卡"总计（占位符）（3）"中的"大小"按钮，在出现的滑块框中，将滑块滑至最右侧，可得到如下视图。单击左侧标记卡"总计（占位符）（4）"，将度量"利润"拖至该标记卡文本按钮中，修改标记类型为"文本"；单击列功能区中第四个"总计（占位符）"右侧小三角，在下拉菜单中选择"双轴"，将占位符合并，得到图 3-1-30 所示工作表 4-2。

■ 3-1-30　工作表 4-2

通过视图，发现销售额与利润的热力显示是分别基于该列值的范围，解决了本节最初提出的问题；除此之外，还可以再将图形元素嵌入文本表中。

Step 10：右击数据窗口空白处，在弹出的快捷菜单中选择"创建计算字段"命令，输入图 3-1-31 所示内容，单击"确定"按钮，生成字段"折扣分类"。

■ 图 3-1-31　折扣分类窗口

额外拖动一个"占位符"至列功能区。

Step 11：单击左侧标记卡"总计（占位符）（5）"，将字段"折扣分类"拖至该标记卡颜色按钮中，修改标记类型为"形状"，并再将字段"折扣分类"拖至该标记卡形状按钮中，如图 3-1-32 所示。

Step 12：将度量"折扣"拖至左侧标记卡"总计（占位符）（5）"的标签按钮中，单击右侧小三角，修改聚合计算为"平均值"，如图 3-1-33 标签。

Step 13：设置格式为小数位数为"1"的百分比数值，如图 3-1-34 所示。

■ 图 3-1-32　标记卡

■ 图 3-1-33　标签

■ 图 3-1-34　设置小数位数

Step 14：单击左侧标记卡"总计（占位符）（5）"中的形状按钮，进行形状自定义，例如在"选择形状板"下拉菜单中选择"比例"，如图 3-1-35 所示。

Step 15：按图 3-1-36 所示分配比例图标给数据项后，单击"确定"按钮。

Step 16：单击左侧标记卡"总计（占位符）（5）"中的颜色按钮，进行颜色调整，例如分配橙色给"折扣 - 适中"，红色给"折扣 - 偏高"，分配完成后，单击"确定"按钮，如图 3-1-37 所示。

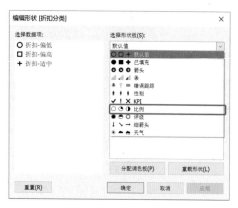

■ 图 3-1-35　选择形状板

■ 图 3-1-36　选择数据项

Step 17：为了后续的美观处理，额外拖一个占位符至列功能区，在其标记卡中，修改该标记为"区域"，使得其呈现视觉上的空白格，如图 3-1-38 所示。

■ 图 3-1-37　编辑形状"折扣分类"-选择数据项对话框

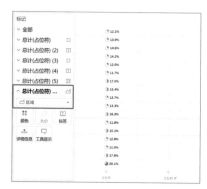

■ 图 3-1-38　标记卡

Step 18：在列功能区中，单击第六个占位符，勾选"双轴"复选框，得到图 3-1-39 所示面板。

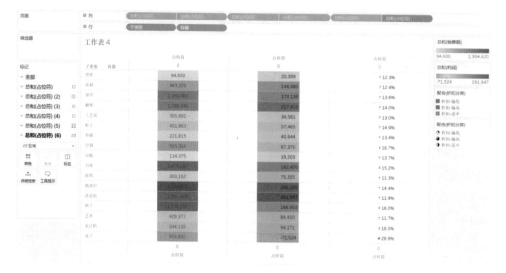

■ 图 3-1-39　面板

Step 19：针对位于上部的三个轴名称"占位符"，以及刻度"0"，分别右击该位置，在弹出的快捷菜单中选择"编辑轴"命令，如图 3-1-40 所示。

Step 20：在弹出对话框的"常规"选项卡下部，将"标题"依次改为"销售额""利润""平均折扣"，如图 3-1-41 所示。

Step 21：在"刻度线"选项卡中，将主要刻度线和次要刻度线都改成"无"。

■ 图 3-1-40　编辑轴对话框

Step 22：针对位于下部的三个轴名称"占位符"，以及刻度"0"，分别右击该位置，单击"编辑轴"，在弹出的窗口中，"常规"选项卡下部，将"标题"全部改为空白。

Step 23：在"刻度线"选项卡中，将主要刻度线和次要刻度线都改成"无"，如图 3-1-42 所示。

■ 图 3-1-41　"编辑轴（占位符）"对话框（1）　　■ 图 3-1-42　"编辑轴（占位符）"对话框（2）

Step 24：将标记卡中的利润和销售额文本字段设置成美元货币格式，并适当调整表格宽度及高度，得到图 3-1-43 所示高级文本表。

文本表-高级

子类.. 容器	销售额	占位符 0	平均折扣
摆件	$94,600	$20,359	↑ 12.3%
冰箱	$863,220	$146,680	↑ 12.4%
窗宝	$1,340,459	$173,136	↑ 13.6%
雕塑	$1,288,940	$217,826	↑ 14.0%
工艺品	$805,891	$34,581	↑ 13.0%
柜子	$451,863	$57,465	↑ 14.9%
海报	$221,815	$40,644	↑ 13.4%
空调	$915,314	$67,370	↑ 16.7%
绿植	$114,375	$19,203	↑ 13.7%
书架	$1,079,167	$182,400	↑ 15.2%
贴纸	$303,152	$75,355	↑ 11.3%
微波炉	$1,594,977	$260,205	↑ 14.4%
洗衣机	$1,710,659	$291,947	↑ 11.9%
椅子	$1,778,899	$166,953	↑ 16.0%
艺术	$429,377	$84,410	↑ 11.7%
装订机	$544,135	$94,171	↑ 18.0%
桌子	$903,802	$-71,524	↓ 28.9%

■ 图 3-1-43　高级文本表

二、直方图

直方图主要是由一系列高度不等的纵向条纹表示数据分布的情况，它是一种统计报告图形，横轴一般表示数据类型，纵轴一般表示分布情况。

1. 直方图 – 频数分布

Step 01：新建一页工作表，重命名为"直方图 - 频数分布"。

Step 02：右击左侧数据窗口空白处，在弹出的快捷菜单中选择"创建计算字段"命令，输入下列信息，生成计算字段"客户订购订单数"，如图 3-1-44 所示。该计算函数会在后续章节中详细介绍，此处为了便于用户理解，做简单注释。（FIXED 函数用于固定其后所跟聚合函数的聚合维度，类似 SQL 中窗口函数的作用；如本计算字段表示：在每一个客户 ID 下，计算不同订单的计数量。）。

■ 图 3-1-44　创建客户订购订单数计算字段

Step 03：在左侧数据窗口中，右击计算字段"客户订购订单数"或单击其右侧小三角，在下拉菜单中选择"创建"→"数据桶"命令，如图 3-1-45 所示。在弹出的窗口中，输入"新字段名称"为"客户订单数分组"，"数据桶"大小修改为"1"，如图 3-1-46 所示，单击"确定"按钮；在维度窗口中生成数据桶字段"客户订单数分组"，该字段将值的范围分段，用于生成直方图横轴。

■ 图 3-1-45　执行创建客户订购订单数数据桶命令　　■ 图 3-1-46　设置新字段名称和数据桶大小

Step 04：右击左侧数据窗口空白处，在弹出的快捷菜单中选择"创建计算字段"命令，输入下列信息，生成计算字段"客户数"，如图 3-1-47 所示。

Step 05：在左侧数据窗口中，将数据桶字段"客户订单数分组"拖至列功能区；在左侧数据窗口中，将计算字段"客户数"拖至行功能区，以及标记卡中的标签按钮处。客户订单数分组直方图如图 3-1-48 所示。

■ 图 3-1-47　创建客户数计算字段

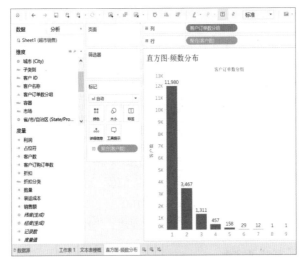

■ 图 3-1-48　客户订单数分组直方图

Step 06：适当调节柱状宽度，得到如下频数直方分布图，如图 3-1-49 所示。

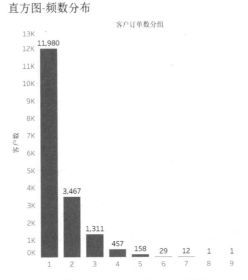

■ 图 3-1-49　调整直方图样式

2. 直方图 – 概率密度

Step 01：新建一页工作表，重命名为"直方图 - 概率密度"。

Step 02：右击左侧数据窗口空白处，在弹出的快捷菜单中选择"创建计算字段"命令，输入图 3-1-50 所示信息，生成计算字段"客户订购产品种类数"；该计算函数会在后续章节中详细介绍，此处为了便于用户理解，做简单注释。（该计算字段表示：在每一个客户 ID 下，计算其购买不同产品的计数量。）

■ 图 3-1-50　创建客户订购产品种类数计算字段

Step 03：右击左侧数据窗口空白处，在弹出的快捷菜单中选择"创建参数"命令，修改"名称"为"直方图组距"，"数据类型"为"浮点"，"当前值"设置为"2"，并将"允许的值"选择为"范围"，分别设置最小值和最大值为"0"和"100"，如图 3-1-51 所示，单击"确定"按钮；得到参数"直方图组距"，用于下一个计算字段的创建，为绘制概率密度图做准备。

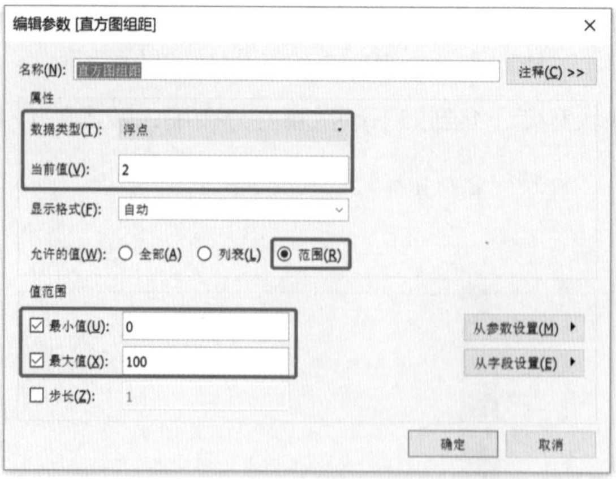

■ 图 3-1-51　编辑参数属性与值范围

Step 04：右击左侧数据窗口空白处，在弹出的快捷菜单中选择"创建计算字段"命令，输入下列信息，生成计算字段"频率 / 组距"，如图 3-1-52 所示。

Step 05：右击左侧数据窗口中的计算字段"客户订购产品种类数"或单击其右侧小三角，在下拉菜单中选择"创建"→"数据桶"命令。在弹出的窗口中，输入"新字段名称"为"客户订购产品种类数分组"，"数据桶大小"修改为参数"[直方图组距]"，如图 3-1-53 所示，单击"确定"按钮；在维度窗口中生成数据桶字段"客户订购产品种类数分组"，该字段将值的范围分段，用于生成直方图横轴。

■ 图 3-1-52　创建频率 / 组距计算字段

■ 图 3-1-53　编辑客户订购产品种类数的新字段名称与数据桶大小

Step 06：在左侧数据窗口中，将数据桶字段"客户订购产品种类数分组"拖至列功能区；在左侧数据窗口中，将计算字段"频率 / 组距"拖至行功能区。客户订购各类产品频率直方图如图 3-1-54 所示。

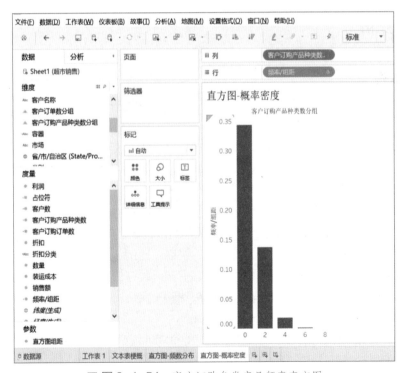

■ 图 3-1-54　客户订购各类产品频率直方图

Step 07：由于数据桶字段默认生成的是区间的下级，为了避免误导读者或用户，右击下方轴，在弹出的快捷菜单中选择"编辑别名"命令，如图 3-1-55 所示。例如将"0"修改为"0-1"，"2"修改为"2-3"，依此类推，防止数据混淆，如图 3-1-56 所示。

Step 08：适当调节柱状宽度，得到图 3-1-57 所示频率分布直方图。

■ 图 3-1-55　执行编辑别名命令

■ 图 3-1-56　在编辑别名窗口设置名称

直方图-概率密度

■ 图 3-1-57　频率分布直方图

数据分析

一、文本表

Tableau 中的可视化图表和工具有助于人们更为直观精准地查看数据。在某些业务的场景下，使用文本表来呈现数据非常重要。

如图 3-1-58 所示，在摆件、冰箱、窗帘、雕塑、工艺品、柜子、海报、空调、绿植、书架、贴纸、微波炉、洗衣机、椅子、艺术、装订机、桌子这 17 种物品中，可以看出它们所一一对应的销售额、占位符以及平均折扣。

其中，微波炉的销售额最高，摆件的销售额最少，贴纸的平均折扣最小，桌子的平均折扣最大。不难看出，文本表的销售额列数据中，颜色越深的销售额越高，反之颜色越浅的销售额越低。

观察最右列的平均折扣，可以看出数据开头的饼图（比例），红色代表着较高的平均折扣率（桌子），橘色代表着居中的平均折扣率（空调、书架、装订机、椅子），而蓝色则代表着较低的平均折扣率（摆件、冰箱、窗帘、雕塑、工艺品、柜子、海报、绿植、贴纸、微波炉、洗衣机、艺术）。

文本表上的这些深浅颜色的显示不仅使用户更能直观地观察数据，还增加了视觉上的效果。

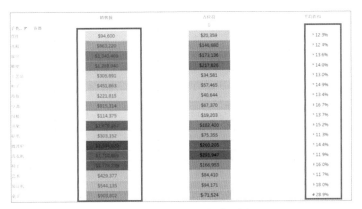

■ 图 3-1-58 可视化图表

二、直方图

直方图又称质量分布图，是一种统计报告图，由一系列高度不等的纵向条纹或线段表示数据分布的情况。一般用横轴表示数据类型，纵轴表示分布情况。直方图的优势在于任何情况下都能够使用直方图，其缺点为数据可能会有所缺失。

频数分布直方图是在统计数据时，按照频数分布表，在平面直角坐标系中，横轴标出每个组的端点，纵轴表示频数，每个矩形的高代表对应的频数。频数分布直方图如图 3-1-59 所示，展示了每个客户订单数分组中的客户数量，其中客户数量最多的分组是订单数为 1 的分组。随着订单数的增长，客户数量在快速减少。

陡壁型直方图是指当直方图像高山的陡壁向一边倾斜时，通常表现在产品质量较差时，为了符合标准产品，需要进行全数检查，以剔除不合格品。当用剔除了不合格品的产品数据作频数直方图时容易产生这种陡壁型，这是一种非自然形态。图 3-1-59 所示的频数分布直方图与图 3-1-60 所示的概率密度直方图，都为陡壁型直方图。可以看到客户的回购率并不高，这是商家可能需要分析出现这类问题的原因。

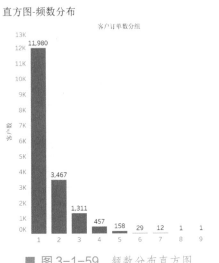

■ 图 3-1-59 频数分布直方图

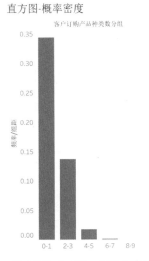

■ 图 3-1-60 概率密度直方图

思考和练习

1. Tableau 文本表绘制时应该注意些什么？

2. 为了使文本表在视觉上不显单调，可以对文本表中的数值内容进行_____。

3. 在文本表中，不仅可以利用_____来增加视觉效果，必要时，还可以结合_____来呈现数据。

4. 直方图主要是由一系列高度不等的 _____ 表示数据分布的情况，它是一种 _____ 图形，横轴一般表示 _____，纵轴一般表示 _____。

 **知识拓展**

直方图是一种用于展示定量数据分布的常用图形。通过直方图，可以直观地看出数据分布的形状、中心位置以及数据的离散程度等。

需要注意的是，直方图和我们常见的柱状图可不一样。直方图用于显示定量数据的分布；而柱状图对比定类数据。在绘制时，直方图是按照数值大小进行分组排列，前后顺序不可变更；柱状图则是对分类对象进行分组，而不是根据具体数值进行分组，分组顺序可以调整。

任务二　饼图、条形图绘制

饼图与条形图绘制

 学习目标

◆能绘制 Tableau 饼图。

◆能绘制 Tableau 条形图。

 任务分析

与其他软件相比，Tableau 通过简单的拖放就可以生成各种类型的图表，为解读数据节约了大量的时间成本，本任务将通过实例详细介绍如何使用 Tableau 生成一些简单的图形，如饼图、条形图、树状图、折线图等。

图形显示上主要分为单变量图形和多变量图形，单变量图形是指只对一个变量作图，它是多变量分析的基础。像条形图、饼图、直方图、折线图都属于单变量图形。

 任务实施

一、饼图

饼图用于展示数据系列中各项与各项总和的比例。饼图中的数据显示的是整个图的百分比，饼图中每个数据分类具有各自的颜色，方便区分。

1. 饼图 – 基本

Step 01：新建一页工作表，重命名为"饼图 - 基本"。

Step 02：在标记卡中将标记类型设置为"饼图"，此时出现第六个标记按钮"角度"，如图 3-2-1 所示。

Step 03：将维度"市场"拖至标记卡颜色按钮处，生成等分饼图，如图 3-2-2 所示。

■ 图 3-2-1　绘制基本饼图

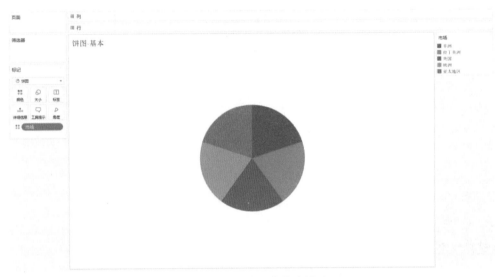

■ 图 3-2-2　生成等分饼图

Step 04：将度量"销售额"拖至标记卡"角度"按钮处，生成根据销售额大小不同占比不同的饼图，如图 3-2-3 所示。

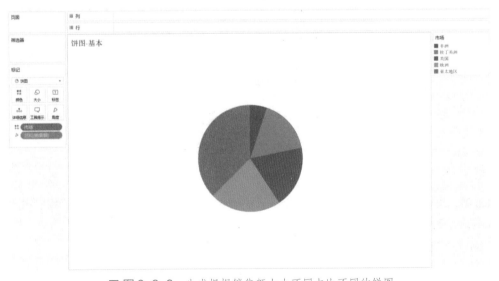

■ 图 3-2-3　生成根据销售额大小不同占比不同的饼图

Step 05：将维度"市场"和度量"销售额"拖至标记卡标签处，在饼图中生成市场名称以及销售总额的标签，如图 3-2-4 所示。

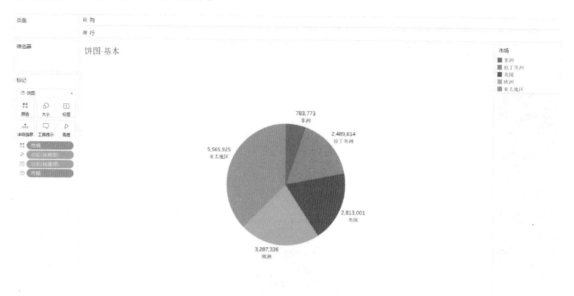

■ 图 3-2-4　生成标签

Step 06：右击标记卡中代表标签的度量"总计（销售额）"，或单击其右侧小三角，在下拉菜单中选择"快速表计算"→"总额百分比"命令，如图 3-2-5 所示。

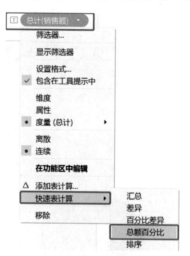

■ 图 3-2-5　选择"总额百分比"命令

Step 07：得到各市场销售额的占比饼图。观察得知，该全球超市在亚太地区销售额占比最高，约为 37%，如图 3-2-6 所示。

2. 饼图－圆环

饼图从视觉上能够使数据较为直观地呈现，但正因为饼图使用的广泛性，使得其失去了一定的视觉吸引力。从可视化多样性的角度考虑，可以将饼图进行变式处理，以圆环的形式呈现饼图所反映的数据。圆环图从视觉上比基本饼图更加美观，应用也十分广泛，例如 KPI、Apple Watch 健康指标等，本节仅以类同饼图的数据呈现圆环图，给予一定的可视化多样性启发。

Step 01： 基于之前的基本饼图以及"文本表 - 高级"中创建的计算字段"占位符"，来绘制圆环图。将度量"占位符"拖动两次至列功能区，形成图 3-2-7 所示功能区。

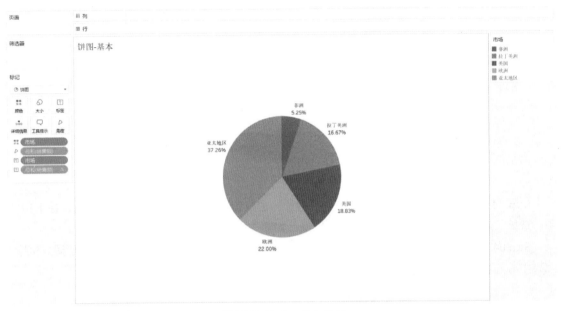

■ 图 3-2-6　基本饼图

■ 图 3-2-7　将度量"占位符"拖动至列功能区

Step 02： 移除标记卡"总计（占位符）（2）"中所有按钮下的字段，得到图 3-2-8 所示"总计（占位符）"。

■ 图 3-2-8 移除标记卡中第二个"总计（占位符）"

Step 03：右击列功能区中第二个度量"总计（占位符）"，或单击其右侧小三角，在下拉菜单中选择"双轴"，将视图中两个圆重叠起来，如图 3-2-9 所示。

Step 04：单击标记卡"总计（占位符）（2）"中的大小按钮，将滑块向左侧滑动至适当位置，缩减中心圆孔大小；如图 3-2-10 所示。

■ 图 3-2-9 重叠视图中的两个圆

■ 图 3-2-10 缩减中心圆孔大小

Step 05：单击标记卡"总计（占位符）（2）"中的颜色按钮，在下方色卡中选择白色，如图 3-2-11 所示。

Step 06：右击视图下方轴，在弹出的快捷菜单中取消勾选"显示标题"复选项，如图 3-2-12 所示。

Step 07：将度量"销售额"拖至标记卡"总计（占位符）（2）"中的标签处，如图 3-2-13 所示。

Step 08：在圆环中心生成销售总额，右击该字段，将格式修改为图 3-2-14 右下角所示的美元货币形式。

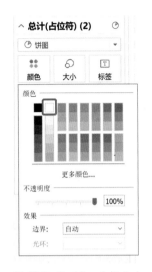

■ 图 3-2-11　选择色卡　　　■ 图 3-2-12　取消勾选　　　■ 图 3-2-13　将度量"销售额"

　　中的白色　　　　　　　　　"显示标题"复选项　　　　拖至标记卡中第二个总计（占位符）

Step 09：单击标记卡"总计（占位符）"与"总计（占位符）（2）"中的大小按钮，适当调整外圆环和内圆圈的大小以适应数据呈现，即可得到圆环饼图，如图 3-2-15 所示。

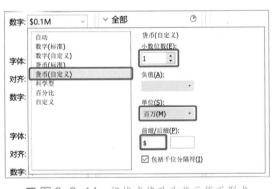

■ 图 3-2-14　将格式修改为美元货币形式　　　　　■ 图 3-2-15　圆环饼图

3. 饼图 – 嵌套

旭日图是一种现代饼图，它超越了传统的饼图和环图，能表达清晰的层级和归属关系，以父子层次结构来显示数据构成情况。旭日图中，离原点越近表示级别越高，相邻两层中，是内层包含外层的关系。本节将利用 Tableau 的功能绘制嵌套的饼图视图，与旭日图类似，但层级结构相反。

Step 01：新建一页工作表，重命名为"饼图 – 嵌套"。

Step 02：按住【Ctrl】键，分别单击维度窗口中的"类别"与"子类别"，右击其中任一个字段，在弹出的快捷菜单中选择"分层结构"→"创建分层结构"命令，在弹出的对话框中输入分层结构的名称，如"产品"，单击"确定"按钮，在左侧维度窗口中出现分层结构"产品"，如图 3-2-16 所示。（确保"类别"在"子类别"的上部，以确定层级关系正确。）

■ 图 3-2-16　创建分层结构

Step 03：在标记卡中设置标记类型为"饼图"，并拖动两次度量"占位符"至列功能区，如图 3-2-17 所示。

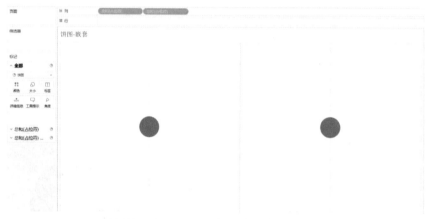

■ 图 3-2-17　设置标记类型为"饼图"

Step 04：在标记卡"总计（占位符）"中，将维度"类别"拖至颜色按钮处，将维度"类别"拖至标签按钮处，将度量"销售额"拖至角度按钮处，将度量"销售额"拖至标签按钮处，并右击该字段，在弹出的快捷菜单中选择"快速表计算→总额百分比"命令，如图 3-2-18 所示。

Step 05：设置格式为一位小数的百分比，如图 3-2-19 所示。

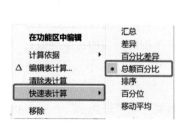

■ 图 3-2-18　添加快速表计算"总额百分比"

■ 图 3-2-19　设置格式

Step 06：再一次将度量"销售额"拖至标签按钮处，如图 3-2-20 所示设置美元货币格式。

Step 07：在标记卡"总计（占位符）"中，单击"大小"按钮，将滑块拖至右侧，放大饼图，如图 3-2-21 所示。

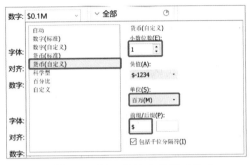

■ 图 3-2-20　设置美元货币格式

■ 图 3-2-21　放大饼图

Step 08：得到图 3-2-22 所示嵌套饼图。

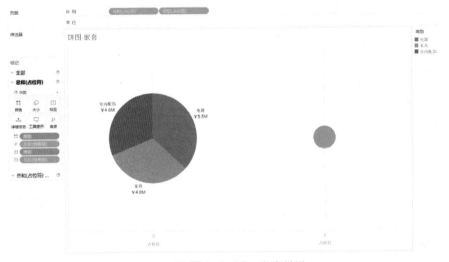

■ 图 3-2-22　嵌套饼图

Step 09：在标记卡"总计（占位符）（2）"中，将维度"类别"拖至颜色按钮处后，单击其字段左侧的"+"按钮，在标记卡区域多出字段"子类别"，此时单击该字段"左侧"的"详细信息"按钮，在下拉菜单中选择"颜色"，如图 3-2-23 所示设置颜色。

■ 图 3-2-23　设置颜色

Step 10：在标记卡"总计（占位符）（2）"中，将度量"销售额"拖至角度按钮处，将度量"销售额"拖至详细信息按钮处，并添加快速表计算"总额百分比"，适当调整饼图整体大小，保证右图圆小于左图，效果如图 3-2-24 所示。

Step 11：在列功能区中，右击第二个度量"总计（占位符）"或单击其右侧小三角，选择"双轴"，将两并列视图合并。适当调整颜色，使其具有一定视觉区分度，如图 3-2-25 所示。

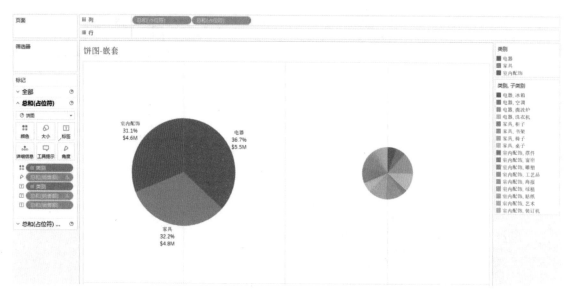

■ 图 3-2-24　添加快速表计算并调整饼图大小

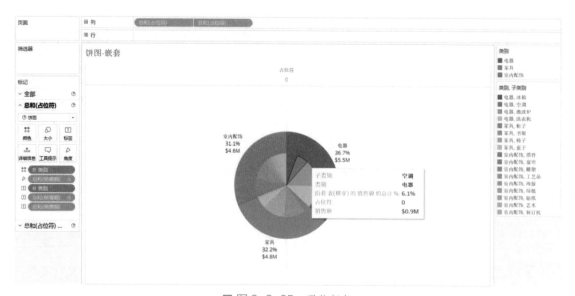

■ 图 3-2-25　调整颜色

二、条形图

条形图是一种把连续数据画成数据条的表现形式，通过比较不同组的条形长度，从而对比不同组的数据值大小。绘制条形图时，要注意三个要素：组数、组宽度、组限。绘制条形图时，可将条形图分为垂直条形图和水平条形图。

1. 条形图－基本

Step 01：新建一页工作表，重命名为"条形图 - 基本"。

Step 02：将维度"国家 / 地区（Country）"拖至行功能区，将度量"销售额"拖至列功能区；Tableau 便会自动生成条形图，如图 3-2-26 所示。

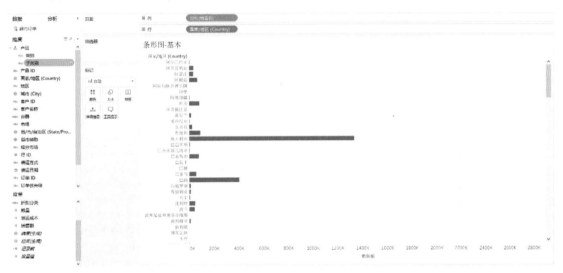

■ 图 3-2-26　生成条形图

在数据集中，约包含 165 个国家 / 地区的数据，大量的数据，使得可视化效果并不是非常理想，这里通过 Tableau 的排序与筛选功能，仅选择呈现销售额排名前十的国家。

Step 03：在行功能区中，右击字段"国家 / 地区（Country）"或单击其右侧小三角，在下拉菜单中选择排序，在弹出的"排序"对话框中选择排序顺序为"降序"，排序依据为按"销售额"字段的"总计"聚合方式，如图 3-2-27 所示。

■ 图 3-2-27　按"销售额"字段的"总计"聚合方式进行降序排序

Step 04：得到图 3-2-28 所示基本条形图。

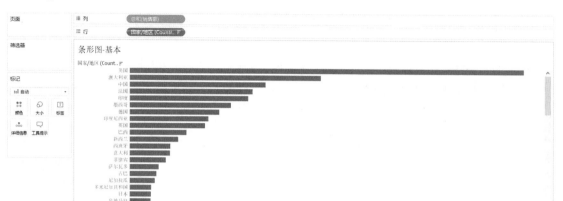

■ 图 3-2-28　基本条形图

Step 05：从左侧数据窗口，将字段"国家／地区（Country）"拖至筛选器卡中，在弹出的筛选器框中，选择"顶部"选项卡，通过"按字段"方式筛选，选取"顶部中的 10"，按照字段"销售额"的"总计"聚合方式进行筛选，如图 3-2-29 所示。

■ 图 3-2-29　按字段"销售额"的"总计"聚合方式进行筛选

Step 06：得到图 3-2-30 所示基本条形图。

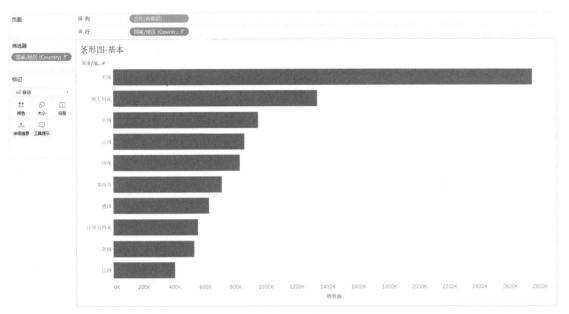

■ 图 3-2-30　基本条形图

Step 07：从左侧数据窗口，将度量"销售额"拖至标记卡中的标签按钮处，设置格式为零位小数，以千为单位的美元货币格式，如图 3-2-31 所示。

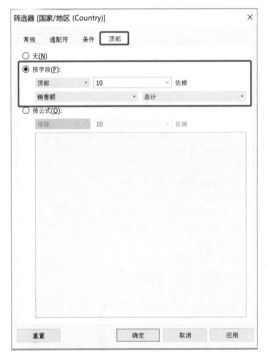

■ 图 3-2-31　设置美元货币格式

Step 08：则可在条形图的最右侧出现该格式标签，便于直观认识销售额前 10 位国家 / 地区的具体销售额数值，如图 3-2-32 所示。

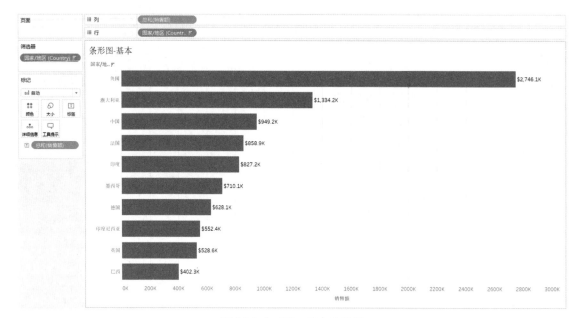

■ 图 3-2-32　基本条形图

2. 条形图 - 并列

将条形图转换为垂直的格式，就是通常所称的柱形图。在数据可视化的过程中，通常希望反映出多维度对比的信息，之前仅呈现了国家与销售额之间的二维关系，下面将以绘制"各大市场的销售额、装运成本以及利润"的并列柱状图，来反映这三个主要指标在不同市场中的对比以及差异。

Step 01：新建一页工作表，重命名为"条形图 - 并列"。

Step 02：将维度"市场"拖至列功能区，将维度"度量名称"拖至列功能区，将度量"度量值"拖至行功能区；此时 Tableau 会将所有度量值都列在视图中，每个度量值代表一个柱形，按市场分区展开，如图 3-2-33 所示。

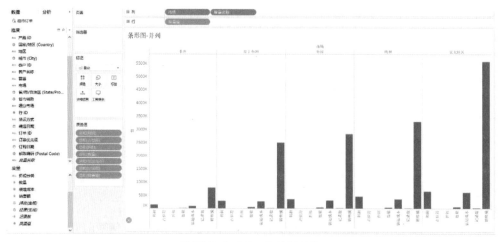

■ 图 3-2-33　设置度量值

Step 03：在左侧下方度量值卡中，将除销售额、利润、装运成本以外的度量值全部移除，如图 3-2-34 所示。

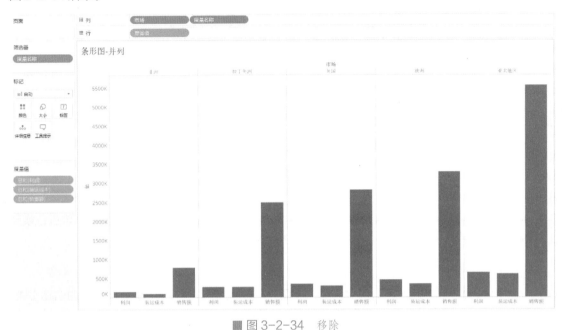

图 3-2-34　移除

Step 04：从左侧数据窗口，将维度"度量名称"拖至标记卡中颜色按钮处，如图 3-2-35 所示。

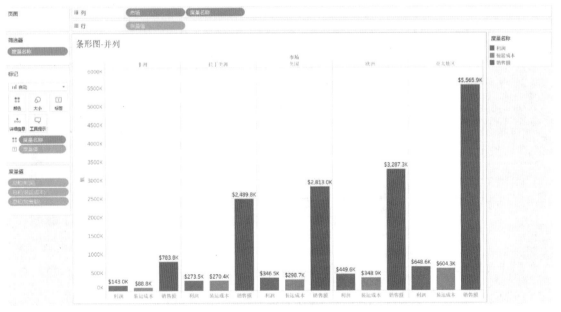

图 3-2-35　设置颜色

Step 05：从左侧数据窗口，将度量"度量值"拖至标记卡中"标签"按钮处，并将字段"销售额""利润""装运成本"的格式修改为零位小数、以千为单位的美元货币格式，如图 3-2-36 所示。

■ 图 3-2-36　设置美元货币格式

从该并列的柱状图中，既可了解各大市场的销售额、利润以及装运成本情况，也可进行横向之间的比较，掌握各大市场在该三个重要指标的异同优劣。

3. 条形图 – 堆叠

下面主要以绘制"各地区不同类别产品的利润分布柱状图"为例，介绍堆叠柱状图的创建方法。

Step 01：新建一页工作表，重命名为"条形图 - 堆叠"。

Step 02：将维度"地区"拖至列功能区，将度量"利润"拖至行功能区，生成各地区的利润柱状图，如图 3-2-37 所示。

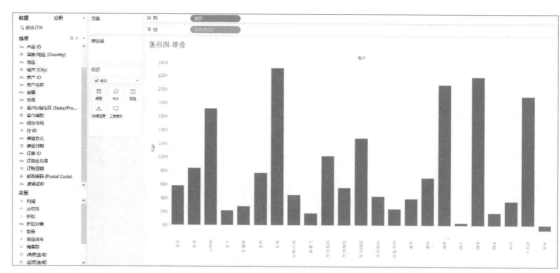

■ 图 3-2-37　生成各地区的利润柱状图

Step 03：从左侧数据窗口，将维度"类别"拖至标记卡中颜色按钮处，即可将各地区的利润额按产品类别分层，了解各地区的产品利润组成以及不同地区之间的利润额比较，如图 3-2-38 所示。

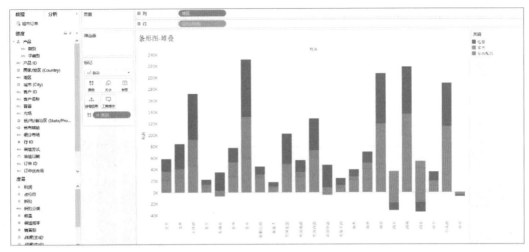

■ 图 3-2-38　分层各地区的利润额

4. 条形图 - 堆叠 100%

之前的堆叠图更利于比较不同地区之间的利润绝对数值的差别，而利润组成成分之间的比较并不够直观。本节以绘制"各市场不同类别产品的利润组成柱状图"为例，介绍 100% 堆叠柱状图的创建方法。

Step 01：新建一页工作表，重命名为"2.4.4 条形图 - 堆叠 100%"。

Step 02：将维度"市场"拖至列功能区，将度量"利润"拖至行功能区，如图 3-2-39 所示。

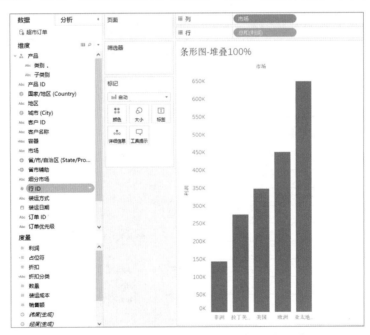

■ 图 3-2-39　将维度"市场"及"利润"拖至功能区

Step 03：将维度"类别"拖至标记卡中颜色按钮处，即可将各市场的利润额按产品类别分层，生成堆叠柱状图，如图 3-2-40 所示。

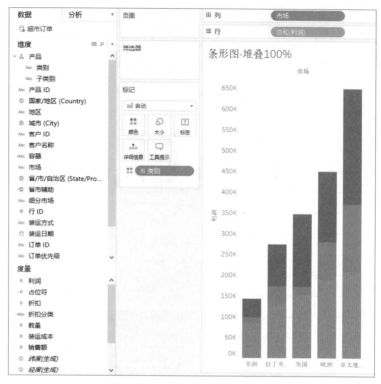

■ 图 3-2-40　生成堆叠柱状图

Step 04：在行功能区中，右击"总计（利润）"或单击其右侧小三角，在下拉菜单中单击"添加表计算"，在弹出的表计算窗口中，选择"总额百分比"计算类型、"表（向下）"计算依据，即可在各地区内计算总额百分比，如图 3-2-41 所示。具体表计算功能会在后面内容中做详细介绍，此处不做深入解释。

Step 05：按住【Ctrl】键，拖动行功能区中的"总计（利润）"字段至标记卡中标签按钮处，并设置其为零位小数的百分比格式，如图 3-2-42 所示。

Step 06：得到 100% 堆叠图，效果如图 3-2-43 所示。

■ 图 3-2-41　计算各地区内总额百分比

■ 图 3-2-42　设置百分比格式

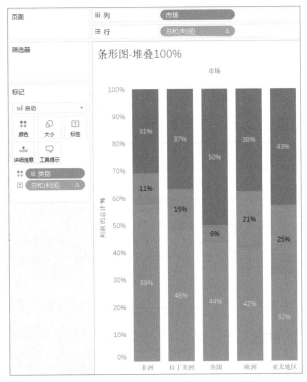

■ 图 3-2-43 　"100% 堆叠图"图表

从图 3-2-43 中可以非常直观地看出各市场中利润组成占比，如美国市场的利润总额中，家具类产品仅占 7% 比重的利润额；就 5 个市场而言，技术类产品的利润额都占据主导地位。

5. 条形图－标靶

条形图还有一个较为普遍的变式就是标靶图。对于某个指标，设定了目标并希望参照目标跟踪进展时，标靶图就是理想之选。标靶图将主要度量值（如年初迄今销售额）与一个或多个其他度量值（如年销售额目标）比较，并且以明确的绩效指标为背景（如销售配额），呈现比较情况。通过标靶图可立即看清主要度量值相对于总体目标的表现情况（如某个市场的销售份额距离完成年度配额还有多少）。下面将 2014 年度各市场销售总额的 1.x 倍设定为 2015 年度各市场销售额的绩效指标，通过绘制 2015 年度销售额完成情况的标靶图，介绍该视图的创建方法。

Step 01：右击左侧数据窗口空白处，在弹出的快捷菜单中选择"创建计算字段"命令，在弹出的窗口中输入下列公式，单击"确定"按钮，生成相应的计算字段，重复操作两次，分别创建字段"2014 年度销售额"与"2015 年度销售额"，如图 3-2-44 所示。

Step 02：将维度"市场"拖至列功能区，将计算字段"2015 年度销售额"拖至行功能区，将计算字段"2014 年度销售额"拖至标记卡中详细信息处，如图 3-2-45 所示。

Step 03：在生成的条形视图中，右击左侧轴，在弹出的快捷菜单中选择"添加参考线"命令，如图 3-2-46 所示。

Step 04：在弹出的窗口中选择"分布"类型的参考区间，范围区域选择"每单元格"，计算区域的值选择"百分比"，输入"100,120"，选择"总计（2014 年度销售额）"，如图 3-2-47 所示。

■ 图 3-2-44　创建字段

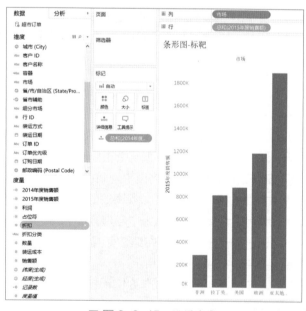

■ 图 3-2-45　设置字段

■ 图 3-2-46　添加参考线

Step 05：计算区域的标签选择"无"，格式区域中勾选"向下填充"复选框，选择适当的填充颜色以及设置线的格式，此处以蓝色为例，单击"确定"按钮，则可得到各市场的标靶区域，如图 3-2-48 所示。

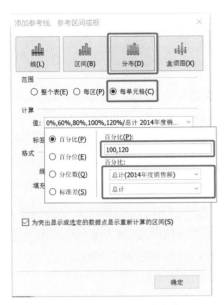

■ 图 3-2-47　设置分布

■ 图 3-2-48　设置分布颜色

Step 06：将度量"2015 年度销售额"拖至标记卡中标签处，并设置格式为零位小数、以千为单位的美元货币格式，并单击标记卡中的"大小"按钮，适当缩小条形宽度，如图 3-2-49 所示。

Step 07：得到图 3-2-50 所示的标靶条形图。

■ 图 3-2-49　设置格式并缩小条形宽度

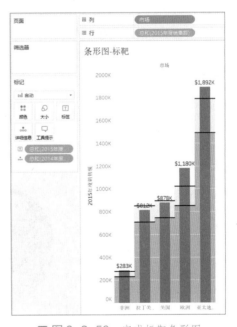

■ 图 3-2-50　完成标靶条形图

Step 08：标靶图以横向更为合理，单击菜单栏中的"交换行和列"图标，快速将其转换为横向条形图，并适当调整每行的宽度，如图 3-2-51 所示。

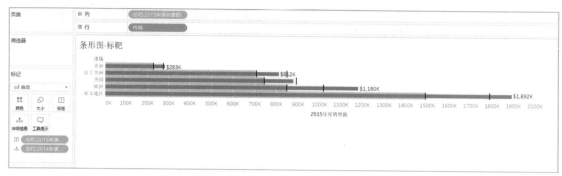

■ 图 3-2-51　调整标靶条形图

对于以 2014 年年度销售额为基准设定的 2015 年年度目标（2014 年年度销售总额的 1.2 倍），各市场的完成情况一目了然：欧洲市场以及亚太地区市场均远超年度目标，非洲及美国也超额完成，而拉丁美洲市场则未达到配额，但也非常接近，比 2014 年同期增长了 15% 以上。

 数据分析

一、饼图

1. 饼图 – 基本

从图 3-2-52 所示的基本饼图可以看出，饼图上共有五种颜色，深蓝色对应非洲、橘色对应拉丁美洲、红色对应美国、浅蓝色对应欧洲、绿色对应亚太地区。其中亚太地区的销售额最高，非洲的销售额最低。

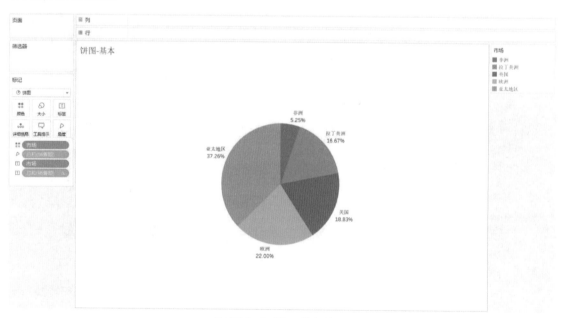

■ 图 3-2-52　基本饼图

2. 饼图－圆环

观察图 3-2-53 所示圆环饼图，可以看出圆环饼图与基本饼图两者的数据都是一致的，但圆环饼图从视觉上却比基本饼图更加美观。

■ 图 3-2-53　圆环饼图

3. 饼图－嵌套

嵌套的作用是把饼图分为外圈和内圈两部分。外圈为大类销售额占比情况，而内圈为子类别销售额占比情况。从图 3-2-54 所示嵌套饼图可以得知，大类别分为电器、家具和室内配饰三部分，而三大类别里又分成数个子类别。观察图 3-2-54 所示嵌套饼图，可以很直观地看到大类别及各个子类别的销售额占比。

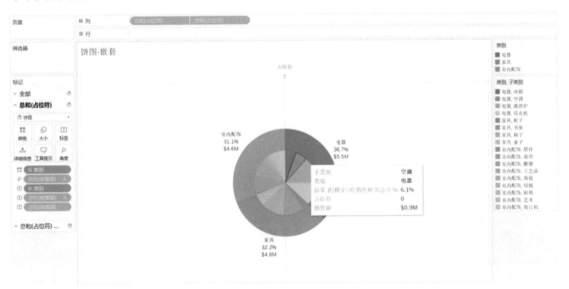

■ 图 3-2-54　嵌套饼图

二、条形图

1. 条形图－基本

观察图 3-2-55 所示基本条形图可以看出共有美国、澳大利亚、中国、法国、印度、墨西哥、德国、印度尼西亚、英国及巴西 10 个国家，并可以直观地总结出销售额高低排序，其中美国的销售额最高，而巴西的销售额最低。

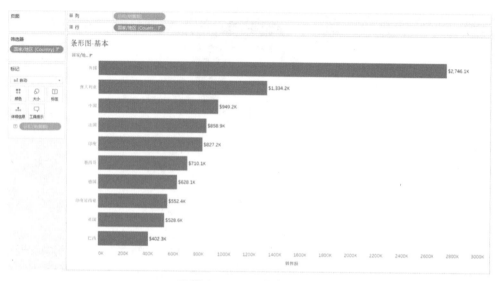

■ 图 3-2-55　基本条形图

2. 条形图－并列

图 3-2-56 所示为并列条形图，最右侧的度量名称分为利润、装运成本及销售额三部分。根据中间的柱状图的数据显示，可以得出亚太区的销售额、装运成本及利润均为最高，而非洲的销售额、装运成本及利润均为最低。

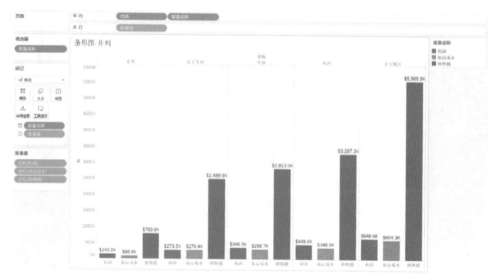

■ 图 3-2-56　并列条形图

3. 条形图 – 堆叠

图 3-2-57 所示为堆叠条形图，柱状图右侧的数据为利润值，左侧为电器、家具及室内配饰三种类别。根据图 3-2-57 所显示的数据可以了解不同地区之间的利润额比较。其中电器类产品在东亚地区的利润值最高，而在西亚地区利润的值为最低。虽然室内配饰类产品在东亚地区的利润值不及电器，但是在西亚地区却拔得头筹。

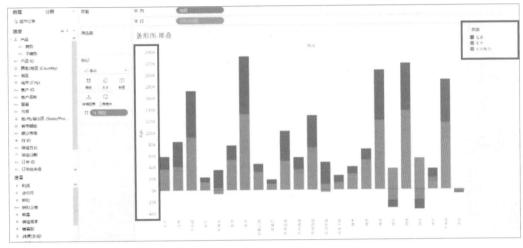

■ 图 3-2-57 堆叠条形图

4. 条形图 – 堆叠 100%

图 3-2-58 所示为堆叠 100% 条形图，可以直观地看出家具类产品在美国市场的利润总额中，只占 6%，而电器类产品的利润额占比则高达 50%。根据总体数据来看，电器类产品和室内配饰类产品的利润额不相上下。

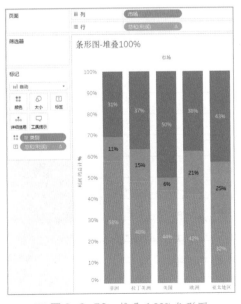

■ 图 3-2-58 堆叠 100% 条形图

5．条形图 - 标靶

图 3-2-59 所示为标靶条形图，对于以 2014 年年度销售额为基准设定的 2015 年年度目标（2014 年年度销售总额的 1.2 倍），各市场的完成情况一目了然：欧洲市场以及亚太地区市场均远超年度目标，非洲及美国也超额完成，而拉丁美洲市场则未达到配额，但也非常接近，比 2014 年同期增长了 15% 以上。

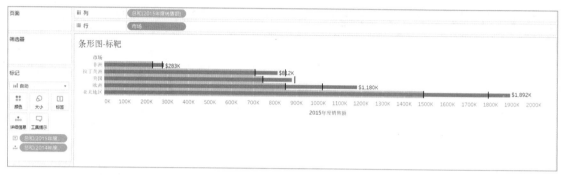

■ 图 3-2-59　标靶条形图

思考和练习

1. Tableau 饼图进行可视化分析时，要注意什么？

2. Tableau 饼图如果分类量大于 20 应该怎么办？

3. 条形图各形式分别适用于什么情况？

4. 饼图用于展示数据系列中_____与_____的_____。饼图中的数据显示的是整个图的_____，饼图中每个数据分类具有各自的_____方便区分。

5. 从可视化多样性的角度考虑，可以将饼图进行_____处理，以_____的形式呈现饼图所反映的数据。

6. _____是一种现代饼图，它超越传统的饼图和环图，能表达清晰的_____和_____，以_____来显示数据构成情况。

7. 条形图是一种把_____画成_____的表现形式，通过比较不同组的_____，从而对比不同组的数据值大小。绘制条形图时，要注意三个要素：_____、_____、_____。

知识拓展

一、饼图

在使用饼图进行可视化分析时，要注意以下几点：

① 分块越少越好，最好不多于 4 块，且每块必须足够大。

② 确保各分块占比的总计是 100%。

③ 避免在分块中使用过多标签。

二、条形图

条形图又称柱状图、条状图、柱形图，是最常用的图表类型之一，通过垂直或水平的条形展示维度字段的分布情况。水平方向的条形图即为一般意义上的条形图，垂直方向的条形图通常称为柱形图，该类图形的优势在于，利用柱子的高度或条形的长度，反映数据的差异，肉眼对高度长度差异很敏感。

条形图中的标靶图又称子弹图，通常用于展示目标值和实际值的对比。标靶图由三部分构成，如图 3-2-60 所示。

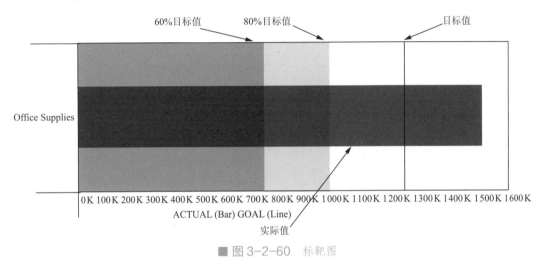

■ 图 3-2-60 标靶图

① 目标值：红色竖线。

② 实际值：黑色细长条。

③ 参考区间：最左侧深颜色区域为目标值的 0%~60%，中间浅颜色区域为目标值的 60%~80%。

任务三 树状图、折线图绘制

树状图与折线图绘制

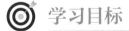 学习目标

◆ 能绘制 Tableau 树状图。

◆ 能绘制 Tableau 折线图。

◎ 任务分析

本任务要讲解的是"树状图"与"折线图"两种图表，树状图是一种相对简单的数据可视化形式，可通过具有视觉吸引力的格式提供见解。而折线图是将整个视图中的各个数据点连接起来，

通常用于显示数据随着时间变化的趋势，或者预测未来的值。接下来学习树状图与折线图的具体操作。

 任务实施

一、树状图

树状图总体属于比较简单的可视化视图，有些展示的图形和 Excel 展示的图形类似。在矩形中可显示数据，使用维度定义树形图的结构，使用度量定义矩形的大小和颜色。

对于树状图而言，其大小和颜色是重要的元素。可以将度量放在大小和颜色标记上，但若是将度量放在其他地方则不会有效果显示。

树状图可容纳任意数量的维度，在颜色上可以包括 1~2 个维度，添加维度后只会分为更多数量的小矩形。具体操作步骤如下。

1. 树状图 – 基本

Step 01： 新建一页工作表，重命名为"树状图 - 基本"。

Step 02： 在标记卡中，将标记格式转换为"方形"，如图 3-3-1 所示。

■ 图 3-3-1　将标记格式转换为"方形"

Step 03： 将维度"国家 / 地区（Country）"拖至标记卡中"标签"按钮处，将度量"销售额"拖至标记卡中"大小"按钮处，则在视图中生成了大片矩形树状图，如图 3-3-2 所示。

Step 04： 在左侧数据窗口中，将维度"市场"拖至标记卡中"颜色"按钮处；则视图中根据五大市场被分割成五块大树形，显示出市场与市场之间的销售额关系，以及各大市场层级下，各个国家在市场内所占的份额，如图 3-3-3 所示。

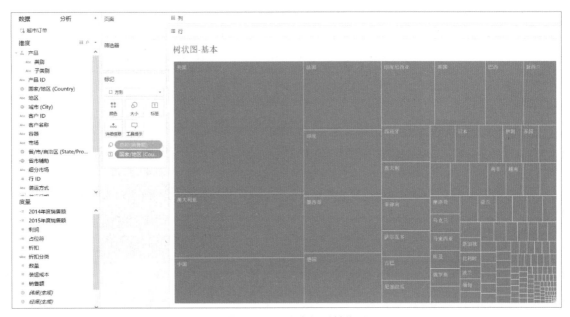

■ 图 3-3-2　生成矩形树状图

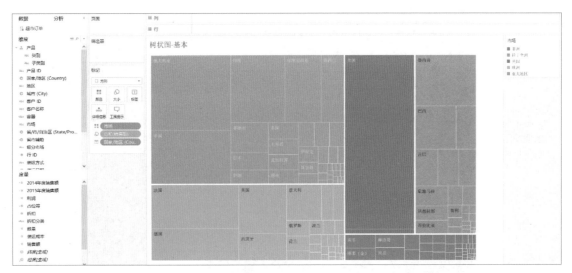

■ 图 3-3-3　设置颜色

Step 05：在左侧数据窗口中，将度量"销售额"拖至标记卡中"标签"按钮处，并设置格式为零位小数、以千为单位的美元货币格式，则可得到图 3-3-4 所示的基本树状图。

树状图并不一定需要按层级表示，反映整体的比例显示分层数据，同样可以利用不同的颜色以及大小信息来反映不同维度的数据。

Step 06：基于以上创建的基本树状图，将标记卡中的字段"国家 / 地区（Country）"以及"市场"移除，从左侧数据窗口中，将维度"地区"拖至标记卡中"标签"按钮处，如图 3-3-5 所示。

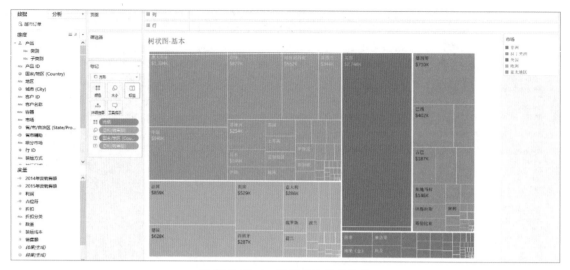

■ 图 3-3-4　设置美元货币格式

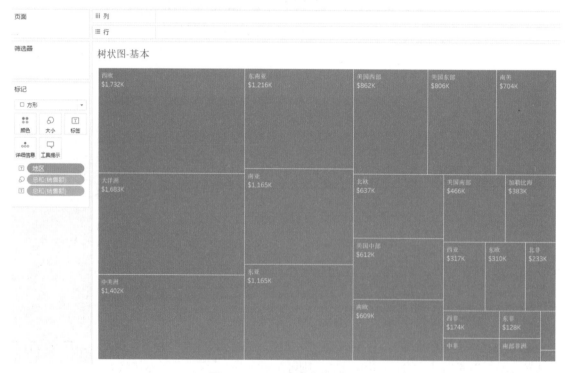

■ 图 3-3-5　设置标记卡中的字段

　　Step 07： 从左侧数据窗口中，将度量"利润"拖至标记卡中的"颜色"按钮处；在新生成的树状图中，可以直观地观察到该超市在各个地区内销售额与利润的信息，如图 3-3-6 所示。

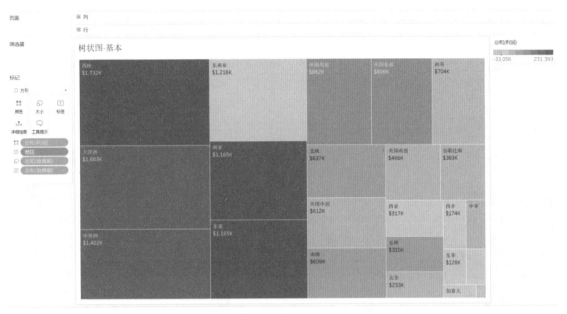

■ 图 3-3-6　设置颜色

2. 树状图 – 气泡

气泡图是树状图的一种变式，它将数据显示为圆形群集，而不是树状形式，维度字段中的每个值表示一个圆，而度量值表示这些圆的大小。气泡图不着重强调分层数据与整体的关系，而强调视觉上的直观感受，更多的是定性的判断，而非定量。

Step 01： 新建一页工作表，重命名为"树状图 - 气泡"。

Step 02： 在标记卡中，将标记格式转换为"圆"，如图 3-3-7 所示。

Step 03： 将维度"国家 / 地区（Country）"拖至标记卡中"标签"按钮处，将度量"销售额"拖至标记卡中"大小"按钮处，则在视图中生成了大片圆形集群，如图 3-3-8 所示。

Step 04： 在左侧数据窗口中，将维度"地区"拖至标记卡中"颜色"按钮处，则完成了气泡图的构建，如图 3-3-9 所示。则由直观视觉认知不难发现，在众多地区的许多国家中，法国、澳大利亚、美国、中国的销售额位居前列，是该全球超市的主要客户。

■ 图 3-3-7　将标记格式转换为"圆"

3. 树状图 – 词云

词云又称文字云。简单来说就是对网络文本中出现频率较高的"关键词"予以视觉上的突出，形成"关键词云层"或"关键词渲染"，从而过滤掉大量的文本信息，使浏览网页者只要一眼扫过文本就可以领略文本的主旨。该全球超市的订单数据中，并不包含大量的文本类信息，下面将利用中国国内省、市、自治区进行简单的词云绘制。

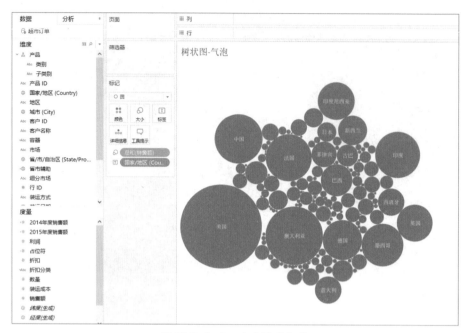

■ 图 3-3-8　生成圆形集群

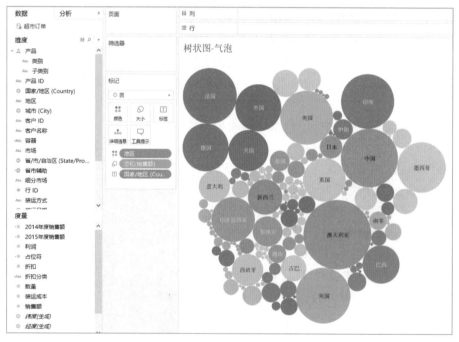

■ 图 3-3-9　构建气泡图

Step 01：新建一页工作表，重命名为"树状图 - 词云"。

Step 02：在标记卡中，将标记格式转换为"文本"；将维度"省 / 市 / 自治区（State/
Province）"拖至标记卡中"标签"按钮处，将度量"销售额"拖至标记卡中"大小"按钮处，

由于数据中国家 / 地区过多，而数据集中没有合适的度量能够将众多国家很好地过滤掉，直接构造全量数据的词云的可视化效果并不理想，这里将维度"国家 / 地区（Country）"拖至筛选器卡中，仅保留"中国"（注意包括"中国香港特别行政区"和"中国台湾"），筛选区域如图 3-3-10 所示。

■ 图 3-3-10　筛选区域

Step 03：在左侧数据窗口中，将维度"省 / 市 / 自治区（State/Province）"拖至标记卡中颜色按钮处，丰富视觉效果。文字云图中同样不包含过多定量的信息，而是以定性为主，帮助过滤大量文本类信息；从词云中观察得知，该全球超市在中国境内的销售额最高的省份为广东省，文字最为醒目，与之前得到的结论一致；而西藏、宁夏两地由于地理位置较为偏远，交通不便，销售额非常低，在文字云中很难被直接发现，这正体现了词云的关键词渲染的作用。设置颜色如图 3-3-11 所示。

■ 图 3-3-11　设置颜色

二、折线图

折线图是用直线段将各个数据点连接起来所组成的图形，能很清晰地看到数值的变化情况。折线图主要用于显示随时间而变化的连续数据，因此非常适合观看历史数据，以便预测趋势。在折现图中，水平轴一般为类别数据，纵轴一般为数值。

1. 折线图 – 基本

下面以分析"该全球超市在 2012 年至 2015 年间的销售额变化趋势"为例，讲解绘制基本折线图的方法。

Step 01：新建一页工作表，重命名为"折线图 - 基本"。

Step 02：从左侧数据窗口中，将日期"订购日期"拖至列功能区，将度量"销售额"拖至行功能区，如图 3-3-12 所示。

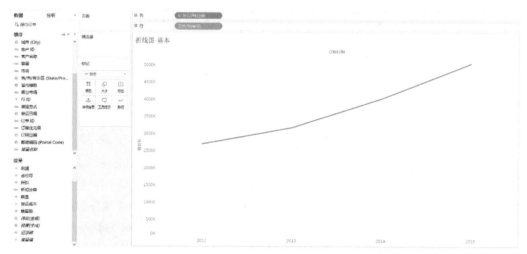

■ 图 3-3-12　将订购日期与销售额拖至功能区

通过观察可知，列功能区中的字段显示为蓝色，表示离散变量。

Step 03：右击该字段或单击该字段右侧的小三角，在下拉菜单中，有两部分类似的时间格式，如图 3-3-13 所示，上部红框表示离散型的日期变量，下部红框表示连续型的日期变量，这里将该离散日期转换为连续型的日期，选择下部红框中的"年"。（两者的选择，对视图的显示不会有太大的影响。）

Step 04：得到图 3-3-14 所示基本折线图。

Step 05：从左侧数据窗口中，将度量"销售额"拖至标记卡中"标签"按钮处，并设置其格式为一位小数、以百万为单位的美元货币格式，如图 3-3-15 所示。

Step 06：得到图 3-3-16 所示面板。

■ 图 3-3-13　年（订购日期）列表

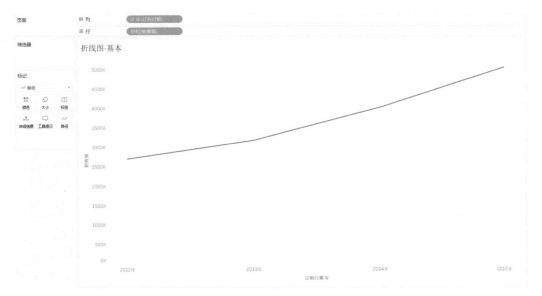

■ 图 3-3-14　基本折线图图表

■ 图 3-3-15　设置美元货币格式

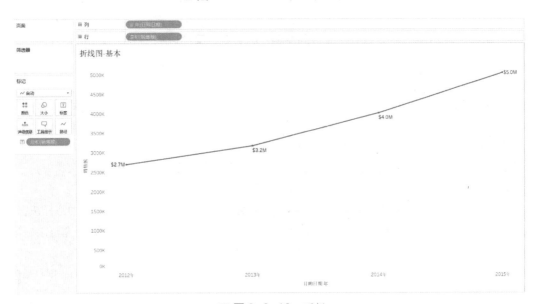

■ 图 3-3-16　面板

Step 07：从左侧数据窗口中，将维度"市场"拖至标记卡中颜色按钮处，此时折线图根据不同的市场，分成五根不同颜色的折线，如图 3-3-17 所示。从图中可以清楚地了解到各大市场每年的销售总额，并能观察其销售额随时间序列发展变化情况。

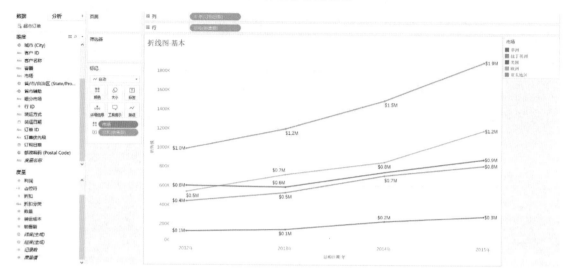

■ 图 3-3-17　设置颜色

该全球超市在世界范围内的五大市场中，整体的销售额都是呈现积极上扬的态势，以亚太地区和欧洲市场为代表，美国市场在 2012 至 2013 年间稍示疲软甚至与去年持平，但后续两年间的销售总额依旧强势拉升。

2. 折线图 – 哑铃图

在进行数据分析时，时间维度的分析必不可少，折线图往往是上佳之选。但往往纠结于如何把多个维度展现得直观易懂，而不至于版面凌乱。当面对较多的维度信息，将多条折线绘制在同一视图中，往往是下下之举，这里通过介绍一种折线图的变式—哑铃图，来提供一种新的折线图可视化思路。哑铃图是一种类似哑铃形状的图表，既美观，又可以清晰地比较不同时间序列的数据变化情况。以分析"各子类别产品的年度销售情况趋势"为例。

Step 01：新建一页工作表，重命名为"2.6.2 折线图 - 哑铃图"。

Step 02：在左侧数据窗口中，将维度"子类别"拖至行功能区，将度量"销售额"拖动两份至列功能区，形成标记卡分区。

Step 03：在标记卡"总计（销售额）"中，将标记类型设置为"线"。

Step 04：在标记卡"总计（销售额）（2）"中，将标记类型设置为"圆"。

Step 05：完成以上操作后得到图 3-3-18 所示设置效果。

Step 06：在标记卡"总计（销售额）"中，将维度"订购日期"拖至该标记卡中路径按钮处，该折线会转变为多行横线；在标记卡"总计（销售额）"中，将维度"订购日期"拖至该标记卡中颜色按钮处，该线段会填充上不同颜色，如图 3-3-19 所示。

Step 07：在标记卡"总计（销售额）（2）"中，将维度"订购日期"拖至该标记卡中颜色按钮处，视图中的圆点会分裂成不同年份的彩色圆点。

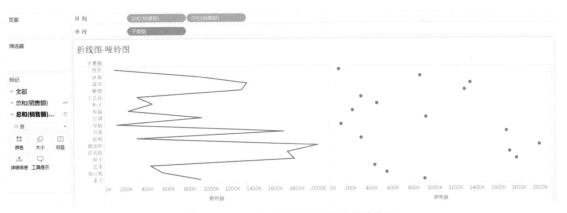

■ 图 3-3-18　设置标记卡中的两处销售额

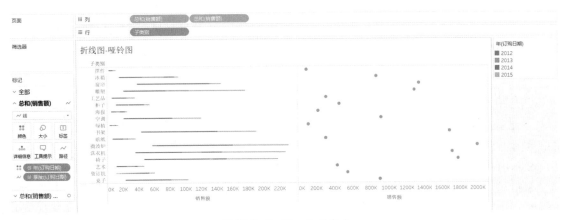

■ 图 3-3-19　设置颜色

Step 08：在标记卡"总计（销售额）（2）"中，单击该标记卡中的大小按钮，对圆点的大小进行适当调整，效果如图 3-3-20 所示。

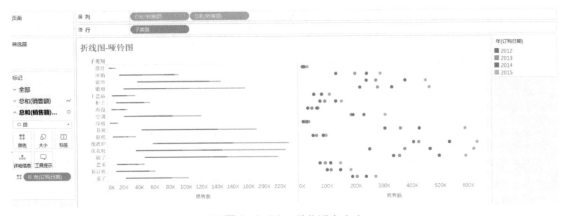

■ 图 3-3-20　调整圆点大小

Step 09：在列功能区，右击第二个度量"总计（销售额）"或单击其右侧小三角，在弹出的快捷菜单中选择"双轴"命令，将左侧的线段视图和右侧的圆点视图合并，得到哑铃图，如图 3-3-21 所示。

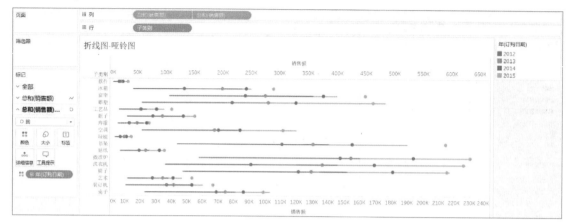

■ 图 3-3-21　合并线段视图与圆点视图

对于即便是有 17 个子类别的数据，也能够通过这种折线图将其美观而清晰地反映出来，对于该全球超市各个子类别产品的年度销售额、年度增长幅度，以及横向的比较情况，都一目了然。

3. 折线图 – 凹凸图

凹凸图是一种经典的图表，也是折线图的另外一种变式，通常用于在不同排名中连接相同的事物，显示排名之间的相互关系。下面以分析"各大市场季度销售额排名走势"为例，介绍凹凸图的创建方法。

Step 01：新建一页工作表，重命名为"折线图 - 凹凸"。

Step 02：右击左侧数据窗口空白处，在弹出的快捷菜单中选择"创建计算字段"命令，在弹出的窗口中输入图 3-3-22 所示信息，单击"确定"按钮，得到计算字段"销售额排名"。

■ 图 3-3-22　创建计算字段

Step 03：将维度"订购日期"拖至列功能区，将计算字段"销售额排名"拖至行功能区，如图 3-3-23 所示。

Step 04：在列功能区中，右击"年（订购日期）"或单击该字段右侧小三角，在下拉菜单中选择连续型日期变量部分的"季度"，如图 3-3-24 所示。

Step 05：将维度"市场"拖至标记卡中颜色按钮处，得到的效果如图 3-3-25 所示。

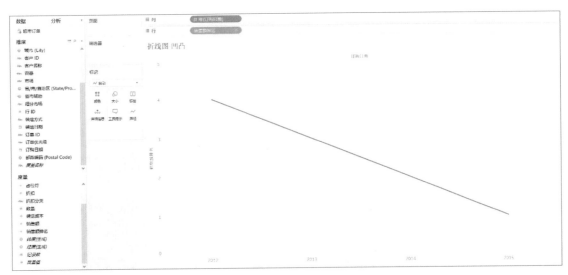

■ 图 3-3-23　将维度"订购日期"与计算字段"销售额排名"拖至功能区

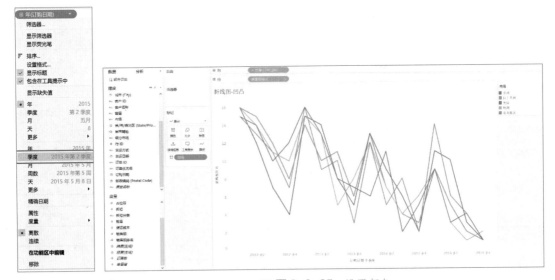

■ 图 3-3-24　设置年　　　　　　　　■ 图 3-3-25　设置颜色

（订购日期）中的季度

Step 06：在行功能区中，右击度量"销售额排名"或单击其右侧小三角，在下拉菜单中选择"计算依据"→"市场"，如图 3-3-26 所示。

Step 07：得到的凹凸折线图如图 3-3-27 所示。

Step 08：在视图区左侧轴部，右击轴，在弹出的快捷菜单中选择"编辑轴"命令，在弹出窗口的"比例"区域勾选"倒序"复选框，单击"确定"按钮，如图 3-3-28 所示。

Step 09：得到图 3-3-29 所示凹凸折线图。

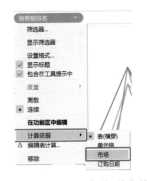

■ 图 3-3-26　设置度量"销售排行"

99

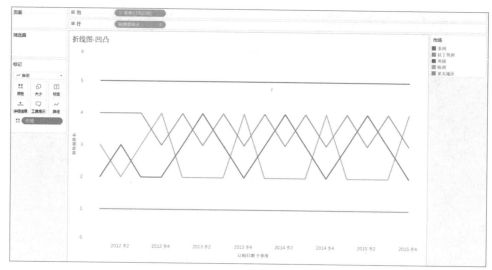

■ 图 3-3-27　凹凸折线图 -1

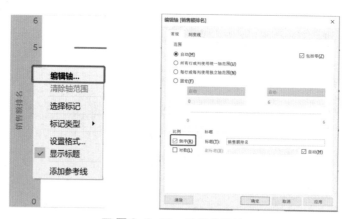

■ 图 3-3-28　设置编辑轴

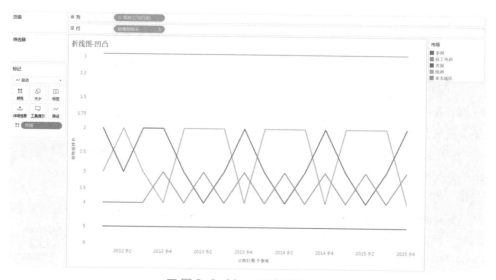

■ 图 3-3-29　凹凸折线图 -2

Step 10：按住【Ctrl】键，将行功能区的计算字段"销售额排名"拖动一份复制到其右侧，并同样将轴变为"倒序"，如图 3-3-30 所示。

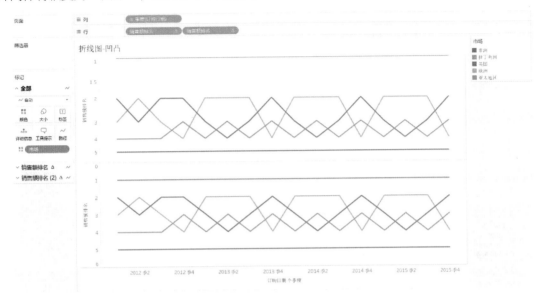

■ 图 3-3-30 将轴变为"倒序"

Step 11：在标记卡"销售额排名（2）"中，将标记类型修改为"圆"，并将计算字段"销售额排名"拖至该标记卡标签处，如图 3-3-31 所示。

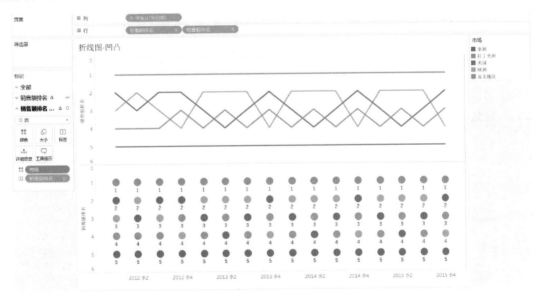

■ 图 3-3-31 修改标记类型

Step 12：在标记卡"销售额排名（2）"中，单击大小按钮，适当拖动滑块扩大圆点。

Step 13：在标记卡"销售额排名（2）"中，单击标签按钮，在弹出的菜单中，单击"对齐"右侧小三角，在弹出框中将水平和垂直对齐都选为"居中"，如图 3-3-32 所示。

Step 14：得到图 3-3-33 所示凹凸折线图。

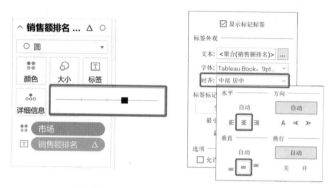

■ 图 3-3-32　设置销售额排名格

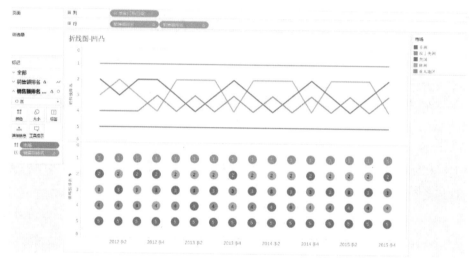

■ 图 3-3-33　凹凸折线图 -3

Step 15：在行功能区，右击计算字段"销售额排名"或单击其右侧小三角，在下拉菜单中勾选 "双轴"复选框，将折线和圆视图合并，得到凹凸图，如图 3-3-34 所示。

■ 图 3-3-34　合并折线图与圆视图

通过凹凸图，可以清晰地了解到各大市场每季度的销售额排名及其变化情况，如该全球超市在亚太地区的销售额常年稳居第一位，是其第一大客户区；欧洲市场所占份额也尚可，有两年的第三季度超过亚太市场跃居第一；而非洲市场则一直稳定在五大市场的最末位。

 数据分析

一、树状图

1. 树状图－基本

树状图是一种相对简单的数据可视化形式，可通过具有视觉吸引力的格式提供见解。图 3-3-35 所示为基本树状图，可直观地看出西欧地区的利润总和最高。

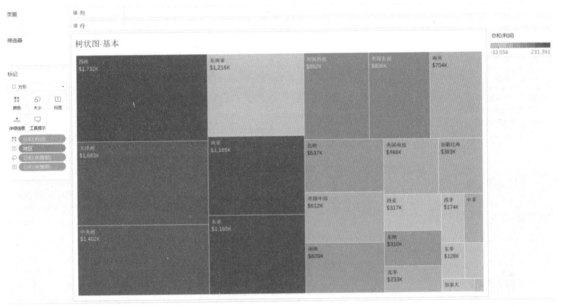

■ 图 3-3-35　基本树状图

2. 树状图－气泡

根据图 3-3-36 所示气泡树状图，可以直观地看出美国（中部、南部、东部、西部）的销售额最高，澳大利亚紧跟其后。

3. 树状图－词云

观察图 3-3-37 所示词云树状图可以知道，不同颜色代表着不同的省份。图中广东省的销售额最高。

从词云中，我们观察得知，该全球超市在中国境内的销售额最高的省份为广东省，文字最为醒目，与之前得到的结论一致；而西藏、宁夏两地由于交通不便，销售额非常低，在文字云中很难直接发现，这体现了词云的关键词渲染作用。

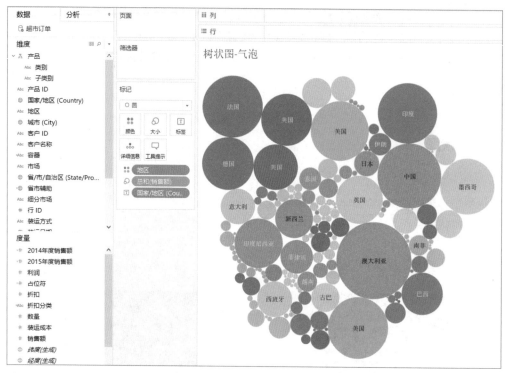

■ 图 3-3-36　气泡树状图

■ 图 3-3-37　词云树状图

二、折线图

1. 折线图 – 基本

观察图 3-3-38 所示基本折线图可以看出，非洲、拉丁美洲、美国、欧洲以及亚太地区的整体销售额都呈稳定上升状态。其中亚太地区的销售额上升趋势较为迅猛，于 2012 年的 $1.0M 直至 2015 年的 $1.9M。而非洲的上升趋势则较为缓慢。

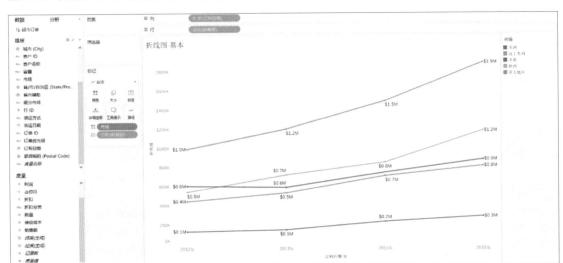

■ 图 3-3-38　基本折线图

2. 折线图 – 哑铃图

如图 3-3-39 所示，其有摆件、冰箱、窗帘、雕塑、工艺品、柜子、海报、空调、绿植、书架、贴纸、微波炉、洗衣机、椅子、艺术、装订机以及桌子 17 个子类别及其对应的数据，可以直观地看出，微波炉的年度销售额遥遥领先，洗衣机及椅子的年度销售额紧跟其后。

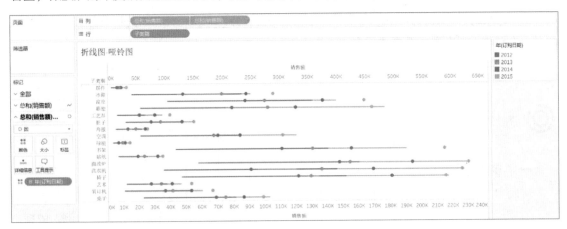

■ 图 3-3-39　哑铃折线图

3. 折线图 – 凹凸图

如图 3-3-40 所示，不同颜色对应着不同的国家。深蓝色对应非洲，橘色对应拉丁美洲，红色对应美国，浅蓝色对应欧洲以及绿色对应亚太地区。数字"1""2""3""4""5"代表着排名。可以看出亚太地区的销售额排名连续四个季度保持第一，拉丁美洲、美国及欧洲在第二名、第三名、第四名徘徊，而非洲连续四个季度处于最低排名。

■ 图 3-3-40　凹凸折线图

 思考和练习

1. Tableau 基本树状图和其他图相比，有哪些优势？

2. Tableau 的气泡图与词云和其他图相比，有哪些优势？

3. 气泡图是树状图的一种_____，它将数据显示为_____，而不是树状形式，维度字段中的每个值表示一个圆，而度量值表示这些圆的大小。

4. 气泡图不着重强调_____与_____的关系，而强调视觉上的直观感受，更多地是_____，而非定量。

 知识拓展

一、树状图

树状图，顾名思义，把这种图表中的数据看成一棵树：每根树枝都赋予一个矩形，代表其包含的数据量。每一矩形再细分为更小的矩形（或者分枝），仍然以其相对于整体的比例为依据。通过各个矩形的大小和色彩，往往可以在数据的各个部分间看到某些模式，例如某个特定项目是否相关。树状图还能有效利用空间，便于一目了然地看到整个数据集。 通常以相对于整体的比例显示分层数据时，选择树状图进行数据可视化。

其中气泡图与散点图相似，不同之处在于，气泡图允许在图表中额外加入一个表示大小的变量。实际上，这就像以二维方式绘制包含三个变量的图表一样。气泡由大小不同的标记（指示相对重要程度）表示。

而词云就是通过形成"关键词云层"或"关键词渲染"，对网络文本中出现频率较高的"关键词"在视觉上的突出。

二、折线图

最适用于时间序列的数据，与条形图相比，折线图不仅可以表示数量的多少，而且可以直观地反映同一事物随时间序列发展变化的趋势。

项目归纳与小结

阿洪："在本项目中我们学习了文本表的绘制，并进行分析合计与文本格式的更改。在此基础上，学习了通过颜色编码的热力图绘制。同时学习了'直方图''热力地图''基本、圆环和嵌套饼图''筛选排序、并列、堆叠和标靶条形图''基本、气泡和词云树状图''基本、哑铃和凹凸折线图'。你都学会了吗？"

小娅："学会了！我马上去修改数据分析图表，这次一定能让领导满意。"

实操演练

本项目以超市销售数据为依托进行了文本表、频度直方图、概率直方图、饼图、条形图、树状图、折线图的学习。下面以 G 品牌奶片销售 3 数据为依据，进行以下图表制作。

1. 绘制一张"地区—销售额、利润"文本表热力图（结果参考图 3-3-41），使图表数据更清晰为目的，对图表进行美化处理。

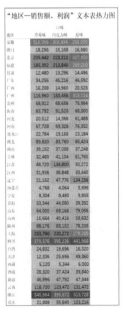

■ 图 3-3-41　"地区—销售额、利润"文本表热力图

2. 选用合适的工具图表绘制展示一张"地区—利润"图（结果参考图3-3-42）。

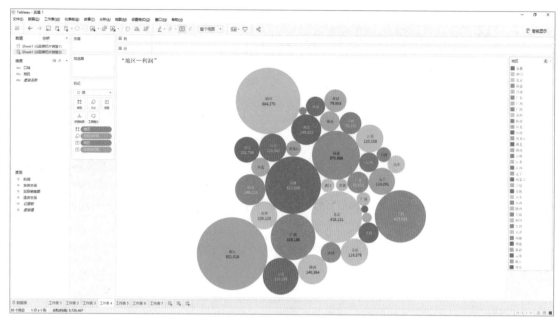

■ 图 3-3-42　"地区—利润"图

3. 选用合适的工具图标绘制四张"子类别（口味）—利润"图。

（1）分别运用基础的饼图、条形图、树状图制作（结果参考图3-3-43）。

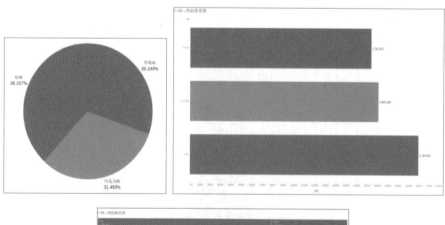

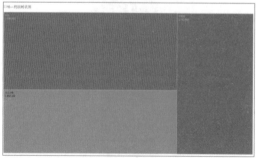

■ 图 3-3-43　基础饼图、基础条形图、基础树状图

（2）挑选其中一张做进阶绘制。

（3）以使图表数据更清晰为目的，对进阶绘制的图表进行美化处理（结果参考图 3-3-44）。

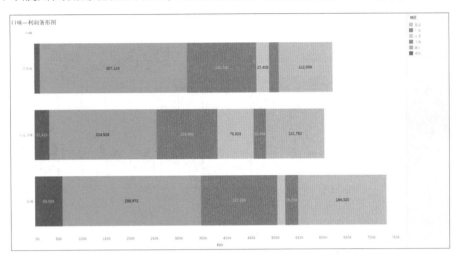

■ 图 3-3-44 图表美化处理

项目评价

项目实训评价			
评价项目	评　　价		
	完全实现	基本实现	继续学习
任务 1　文本表、直方图绘制			
学习目标　绘制 Tableau 文本表　能熟练绘制 Tableau 文本表			
绘制 Tableau 直方图　能熟练绘制 Tableau 直方图			
任务 2　饼图、条形图绘制			
学习目标　绘制 Tableau 饼图　能熟练绘制 Tableau 饼图			
绘制 Tableau 条形图　能熟练绘制 Tableau 条形图			
任务 3　树状图、折线图绘制			
学习目标　绘制 Tableau 树状图　能熟练绘制 Tableau 树状图			
绘制 Tableau 折线图　能熟练绘制 Tableau 折线图			

项目四

探索——Tableau 其他图表

阿洪： "小娅，上次做的图表怎么样了？"

小娅： "阿洪前辈，上次制作的图表，领导表示很满意。谢谢你的指导！"

阿洪： "这是我应该做的，但是上次只教了一部分图表制作的方法，下面还要教你几个常用图表的制作，这样在处理数据时，你可以有更多的选择。"

任务一　面积图、组合图绘制

面积图与组合图绘制

学习目标

◆能绘制 Tableau 面积图。

◆能绘制 Tableau 组合图。

任务分析

本任务要讲解的内容是"面积图"及"组合图"两种图表。面积图强调数量随时间而变化的程度，也可用于引起人们对总值趋势的注意。组合图可以将两种不同的图结合到一起，最经常见到的就是柱状图和线性图的结合。下面学习这两种图表。

任务实施

多变量图形是指对两个及以上的变量进行作图。如散点图、面积图等。

一、面积图

1. 面积图 – 基本

下面以分析"该全球超市在细分市场下的年度销售额趋势"为例,讲解绘制基本面积图的方法。

Step 01: 新建一页工作表,重命名为"面积图 - 基本"。

Step 02: 在标记卡中,将标记类型设置为"区域";从左侧数据窗口中,将日期"订购日期"拖至列功能区,将度量"销售额"拖至行功能区,生成图 4-1-1 所示的 2012 至 2015 年销售额总和趋势。

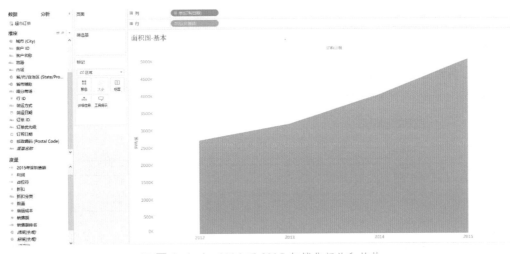

■ 图 4-1-1 2012 至 2015 年销售额总和趋势

Step 03: 在列功能区中,右击日期"年(订购日期)"或单击该字段右侧小三角,在下拉菜单中,选择下部连续型的日期变量的"年";并将维度"细分市场"拖至标记卡中颜色按钮处;得到 2012 至 2015 年细分市场下销售额总和趋势,如图 4-1-2 所示。

从面积图中可以观察到,该全球超市的销售额呈持续上涨态势,并且上涨速度不断提升;就三个细分市场而言,面向消费者的销售额一直占据主导地位。

2. 面积图 –100%

百分比堆积面积图用于显示每个数值所占百分比随时间或类别变化的趋势线。可强调每个系列的比例趋势线。下面以分析"该全球超市在各细分市场下的年度销售额所占比例"为例,讲解绘制百分比堆积面积图的方法。基于 4-1-2 中所绘制的基本面积图,只需要一步操作就可以完成其到百分比面积图的转化。

Step 01: 在列功能区中,右击度量"总计(销售额)"或单击其右侧小三角,在下拉菜单中选择"添加表计算",如图 4-1-3 所示。

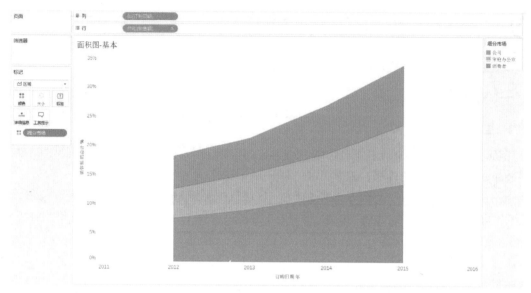

■ 图 4-1-2 2012 至 2015 年细分市场下销售额总和趋势

Step 02：在弹出窗口中，选择计算类型为"总额百分比"，计算依据为"表（向下）"，如图 4-1-4 所示。

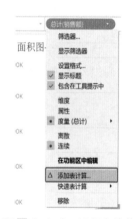

■ 图 4-1-3 添加表计算   ■ 图 4-1-4 设置表计算类型与依据

Step 03：通过添加上述表计算操作，可以得到 2012 至 2015 年细分市场下销售总额占比，如图 4-1-5 所示。

从百分比面积图中可以观察到，该全球超市各细分市场的销售额占比保持较为稳定的状态；仅在 2013 年中，消费者市场的销售额占比相较去年同期有所提升；家庭办公室市场的销售额占比，从 2013 年起，呈缓慢扩张趋势。

3. 面积 - 阴影坡度

在实际业务场景中，经常遇到比较两者之间的差距的情况，并将其呈现在视图中。例如，想看一看"洗衣机"和"微波炉"这两个产品在近几年的利润或"销售额"差距情况，可以利用文本表和表计算功能轻松实现该想法，但或许从可视化层面上考虑，它并不尽如人意。这里可以利用面积图将其差距呈现为阴影坡度状，从而友好地反映出某两者之间针对某度量值的差距情况。

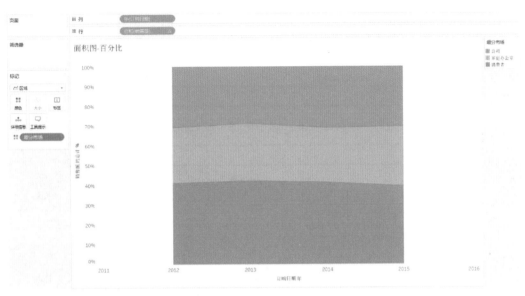

■ 图 4-1-5　2012 至 2015 年细分市场下销售总额占比

Step 01：新建一页工作表，重命名为"面积图 - 阴影坡度"。

Step 02：右击左侧数据窗口中空白处，在弹出的快捷菜单中选择"创建计算字段"命令；在窗口中分别输入下列内容，单击"确定"按钮，重复操作两次，生成计算字段"洗衣机销售额"和"微波炉销售额"，如图 4-1-6 所示。

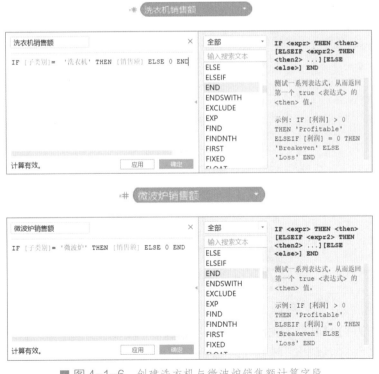

■ 图 4-1-6　创建洗衣机与微波炉销售额计算字段

Step 03：从左侧数据窗口中，将日期"订购日期"拖至列功能区，并转换为连续型日期变量；将计算字段"洗衣机销售额"拖至行功能区，生成面积图，如图 4-1-7 所示。

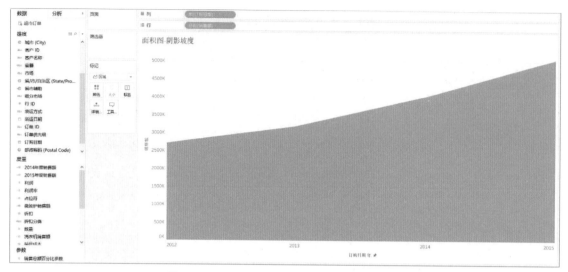

■ 图 4-1-7　2012 至 2015 年洗衣机销售总额趋势

Step 04：基于上述视图，将计算字段"微波炉销售额"拖向该视图左侧的纵轴上，当出现图 4-1-8 所示作图标记时释放。得到效果如图 4-1-9 所示。

■ 图 4-1-8　添加微波炉销售额计算字段

Step 05：在度量值卡中，右击度量"总计（微波炉销售额）"或单击其右侧小三角，在下拉菜单中选择"在功能区中编辑"，直接在该度量值条中输入公式"SUM([微波炉销售额])-SUM([洗衣机销售额])"，如图 4-1-10 所示。

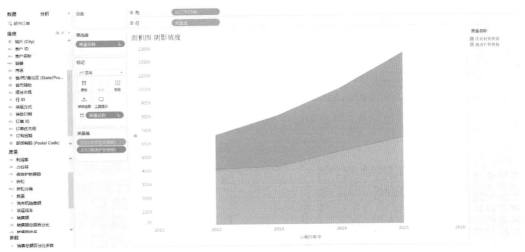

■ 图 4-1-9　2012 至 2015 年洗衣机与微波炉销售总额趋势

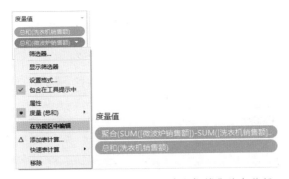

■ 图 4-1-10　计算微波炉与洗衣机销售总和差额

Step 06：得到图 4-1-11 所示洗衣机销售总和与微波炉、洗衣机销售总和差额的视图。

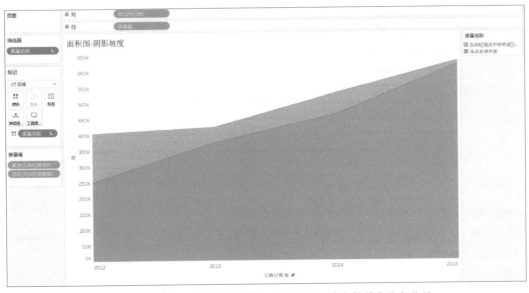

■ 图 4-1-11　洗衣机销售总和与微波炉、洗衣机销售总和差额

Step 07：在得到的视图中，单击标记卡中的颜色按钮，选择"边界"→"更多颜色"命令，打开"选择颜色"面板，如图 4-1-12 所示。

Step 08：再次选中颜色按钮，单击编辑颜色按钮，弹出"编辑颜色"面板，将"选择数据项"中的"SUM([微波炉销售额])-SUM([洗衣机销售额])"修改为蓝色，如图 4-1-13 所示。

Step 09：双击左侧"选择数据项"下的"洗衣机销售额"，在弹出的"选择颜色"的调色板中选择白色，使其与背景色一致，将其隐藏，即可得到图 4-1-14 所示阴影坡度面积图。

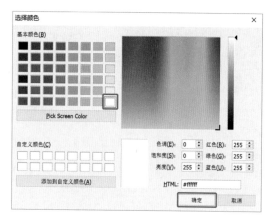

■ 图 4-1-12　设置颜色

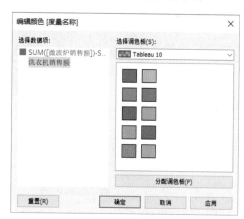

■ 图 4-1-13　颜色设置

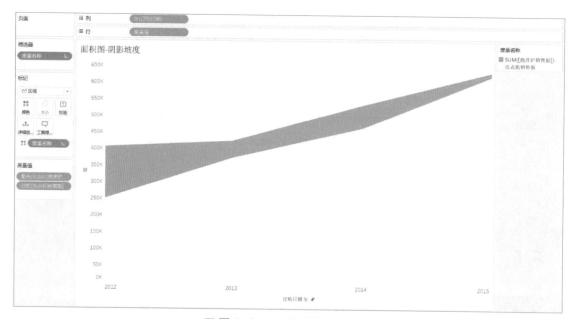

■ 图 4-1-14　阴影坡度面积图

纯面积阴影坡度略显单调，结合折线图对其进行描边。

Step 10：从左侧数据窗口中，将度量"销售额"拖至行功能区，并设置"总计（销售额）"标记卡的标记类型为"线"。

Step 11：从左侧数据窗口中，将维度"子类别"拖至筛选器卡中，在弹出的窗口中仅选择"洗衣机"与"微波炉"，如图 4-1-15 所示。

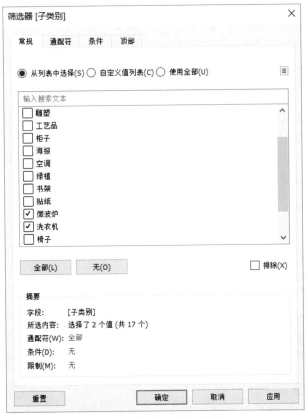

■ 图 4-1-15 筛选类别

Step 12：从左侧数据窗口中，将维度"子类别"拖至"总计（销售额）"标记卡中的颜色按钮处，生成的洗衣机与微波炉销售总额折线图如图 4-1-16 所示。

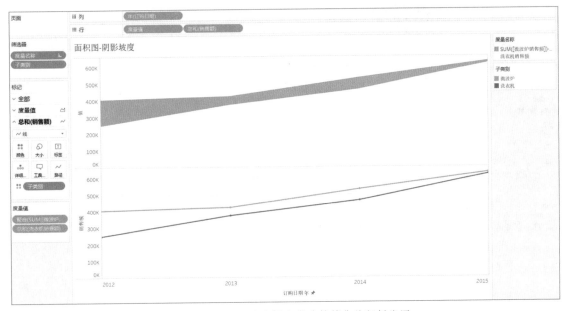

■ 图 4-1-16 洗衣机与微波炉销售总额折线图

Step 13：在标记卡"总计（销售额）"中，单击颜色按钮，在弹出窗口的下方，将"效果"的"标记"选择为第二种带标记点的折线，如图 4-1-17 所示。

Step 14：单击"编辑颜色"按钮，在弹出的窗口中，将左侧数据项全都赋为"蓝色"，如图 4-1-18 所示。

Step 15：从左侧数据窗口中，将度量"销售额"拖至标记卡"总计（销售额）"的标签按钮处，右击"总和（利润）"标签，选择设置格式命令，设置区面板中默认值的数字格式为零位小数、以千为单位的美元货币格式，如图 4-1-19 所示，得到的效果如图 4-1-20 所示。

■ 图 4-1-17　设置折线标记类型

■ 图 4-1-18　编辑折线颜色

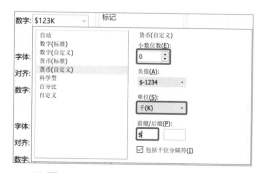

■ 图 4-1-19　设置利润数据标签格式

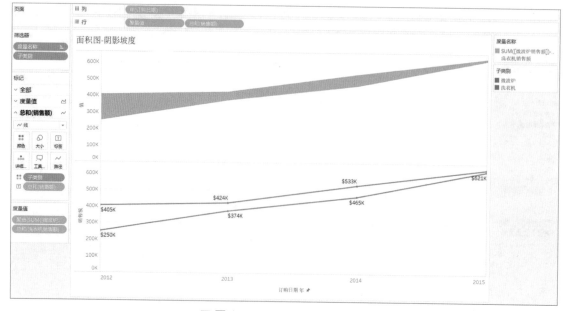

■ 图 4-1-20　已添加数据标签

Step 16: 在行功能区中，右击度量"总计（销售额）"或单击其右侧小三角，在下拉菜单中选择"双轴"命令，将阴影坡度面积与折线图合并，得到完整的阴影坡度面积图，如图 4-1-21 所示。

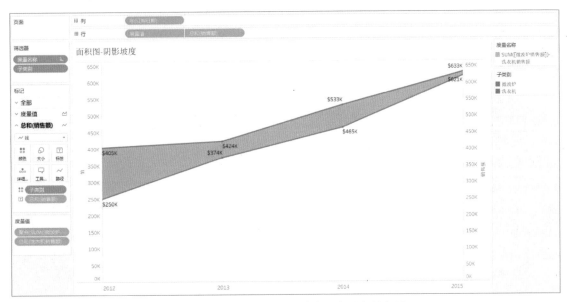

■ 图 4-1-21　组合阴影坡度面积图与折线图

从阴影坡度面积图中可知，针对洗衣机和微波炉这两项产品，其销售额的差距正在逐年减小；该视图所呈现的可视化效果，要比折线图和文本表更加出色。

二、组合图

1. 组合图 - 基本

下面以分析"该全球超市 2015 年各月销售额即利润率情况"为例，讲解绘制基本组合图的方法。

Step 01: 新建一页工作表，重命名为"组合图 - 基本"。

Step 02: 右击左侧数据窗口空白处，在弹出的快捷菜单中选择"创建计算字段"命令，输入图 4-1-22 所示信息，得到计算字段"利润率"，如图 4-1-22 所示。

■ 图 4-1-22　创建利润率计算字段

Step 03：在左侧数据窗口中，将维度"订购日期"拖至筛选器卡中，在弹出的对话框中选择"年"，如图 4-1-23 所示。

Step 04：单击"下一步"按钮，在筛选器窗口中，仅勾选"2015"，单击"确定"按钮，如图 4-1-24 所示。

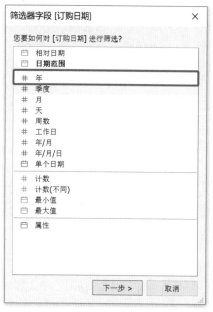

■ 图 4-1-23　设置依据年份筛选订购日期　　　■ 图 4-1-24　筛选 2015 年中的所有订购日期

Step 05：在列功能区，右击维度"年（订购日期）"或单击其右侧小三角，在下拉菜单中选择"更多"→"自定义"命令；在弹出的"自定义日期"对话框中，选择"年 / 月"，如图 4-1-25 所示。

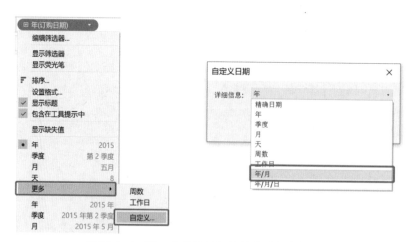

■ 图 4-1-25　设置横轴标签展现形式为年 / 月

Step 06：在左侧数据窗口中，将度量"销售额"和"利润率"拖至行功能区，得到图 4-1-26 所示添加销售额与利润率折线图。

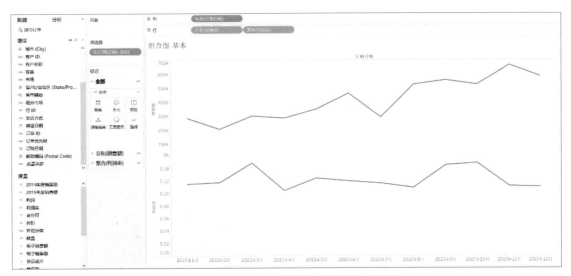

■ 图 4-1-26　添加销售额与利润率折线图

Step 07：在左侧标记卡中，将标记卡"总计（销售额）"的标记类型修改为"条形图"，如图 4-1-27 所示。

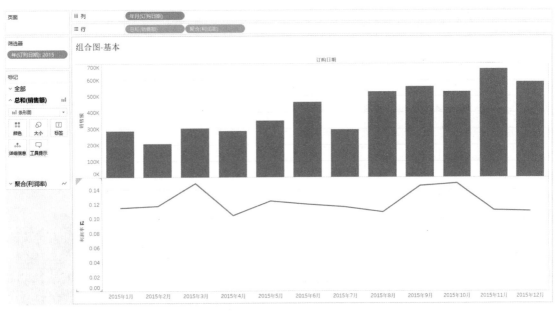

■ 图 4-1-27　设置销售额标记类型为条形图

Step 08：在左侧数据窗口中，将度量"销售额"拖至标记卡"总计（销售额）"中标签按钮处；并设置格式为零位小数、以千为单位的美元货币格式，如图 4-1-28 所示。

Step 09：单击该标记卡中的标签按钮，在弹出的窗口中将"对齐"设置为"中部"，如图 4-1-29 所示。

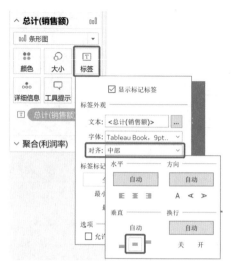

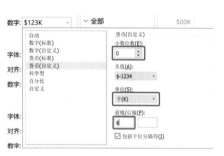

■ 图 4-1-28 设置销售额数据标签格式　　　　**■ 图 4-1-29** 设置销售额标签对齐方式

Step 10： 在左侧数据窗口中，将度量"利润率"拖至标记卡"聚合（利润率）"中标签按钮处；并设置格式为一位小数的百分比，如图 4-1-30 所示。

Step 11： 得到图 4-1-31 所示已添加数据标签的销售额与利润率组合图。

Step 12： 在行功能区中，右击度量"聚合（利润率）"或单击其右侧小三角，在下拉菜单中选择"双轴"命令，将条形图和折线图进行合并，得到图 4-1-32 所示该全球超市各月的销售额以及利润率走势。

■ 图 4-1-30 利润率数据标签格式

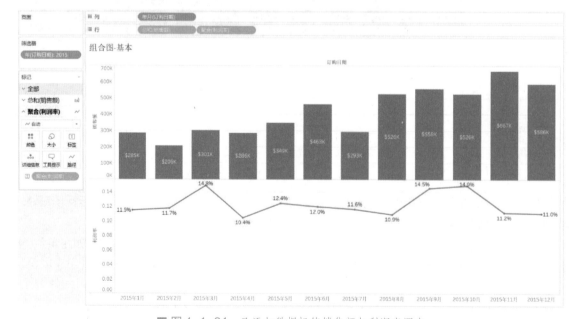

■ 图 4-1-31 已添加数据标签销售额与利润率图表

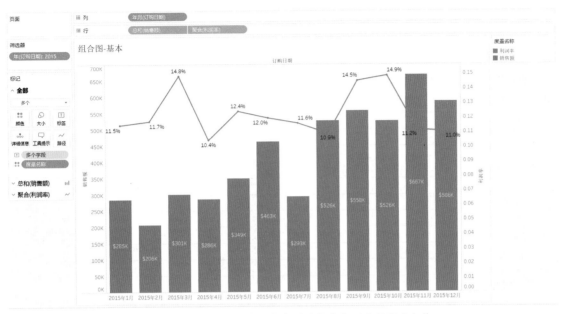

图 4-1-32 该全球超市各月的销售额以及利润率走势

Step 13：也可以在标记卡"全部"中进行不同颜色的分配，如销售额柱为"蓝色"，利润率折线为"橙色"，如图 4-1-33 所示。

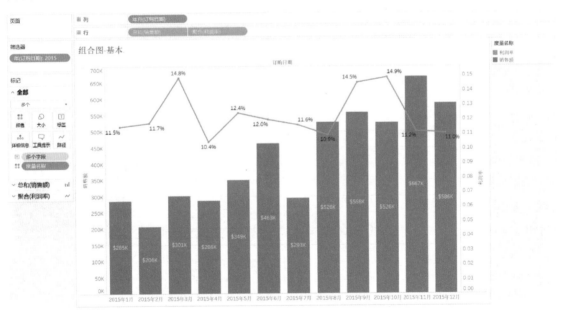

图 4-1-33 分别设置折线图与条形图颜色

通过观察该组合图，可以清晰地看到该全球超市各月的销售额以及利润率走势。

2. 组合图 – 帕累托图

帕累托图是按照一定的类别根据数据计算出其分类所占的比例，用从高到低的顺序排列成矩形，同时展示比例累计和的图形，主要用于分析导致结果的主要因素。帕累托图与帕累托法则（又称"二八原理",即 80% 的结果是 20% 的原因造成的)一脉相承,通过图形体现两点重要的信息:"至关重要的极少数"和"微不足道的大多数"。

Step 01:新建一页工作表,重命名为"组合图 - 帕累托图"。

Step 02:右击左侧数据窗口空白处,在弹出的快捷菜单中选择"创建计算字段"命令,输入图 4-1-34 所示信息,生成计算字段"销售额总额百分比",如图 4-1-34 所示。

■ 图 4-1-34　创建销售额总额百分比计算字段

Step 03:将维度"国家 / 地区(Country)"拖至列功能区,将度量"销售额"和计算字段"销售额总额百分比"拖至行功能区,得到各国家 / 地区的销售额总额与销售额总额百分比图表,如图 4-1-35 所示。

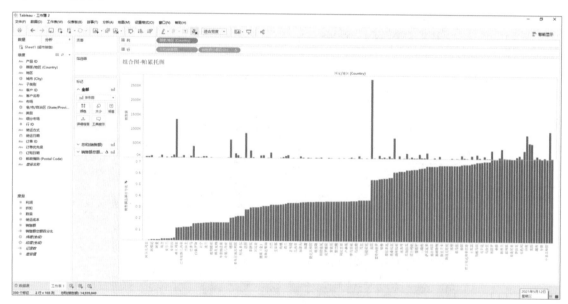

■ 图 4-1-35　各国家 / 地区的销售额总额与销售额总额百分比图表

Step 04:在列功能区中,右击维度"国家 / 地区(Country)"或单击其右侧小三角,在下拉菜单中选择"排序"命令,如图 4-1-36 所示。

Step 05:在弹出的排序窗口中,将排序顺序选择为"降序",排序依据选择"字段",并选择"销售额",聚合方式为"总计",如图 4-1-37 所示设置排序顺序与依据。单击"确定"按钮可得图 4-1-38 所示排序后图表。

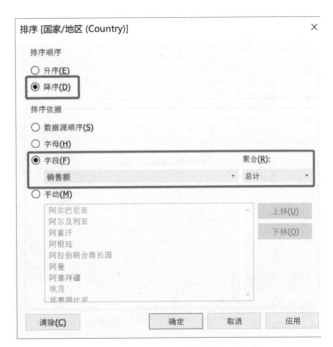

■ 图 4-1-36　选择"排序"命令　　　　　■ 图 4-1-37　设置排序顺序与依据

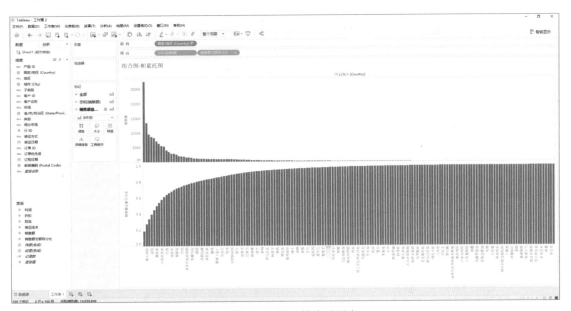

■ 图 4-1-38　排序后图表

Step 06：在标记卡"销售额总额百分比"中，将标记类型从"条形图"转换为"线"，如图 4-1-39 所示。

Step 07：在行功能区，右击计算字段"销售额总额百分比"或单击其右侧小三角，在下拉菜单中选择"双轴"命令，将条形图与折线图合并，得到帕累托图雏形，如图 4-1-40 所示。

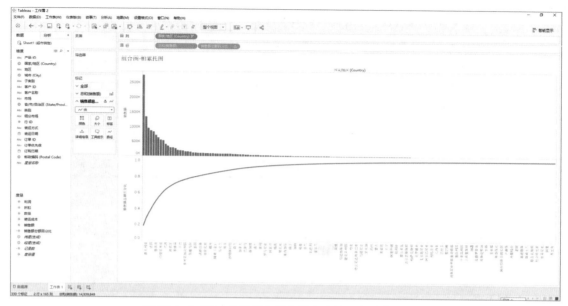

■ 图 4-1-39　设置销售额总额占比标记类型为"线"

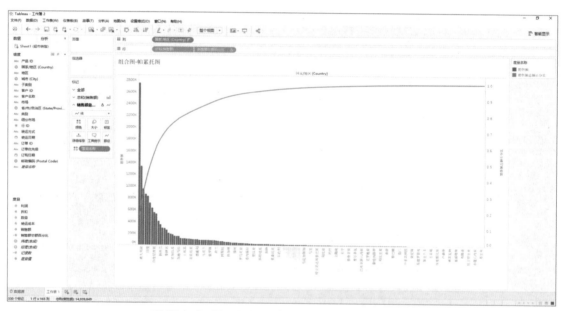

■ 图 4-1-40　组合线型图与条形图形成帕累托图

　　Step 08：右击视图右侧轴，在弹出的快捷菜单中选择"设置格式"命令，在左侧窗口中选择"轴"选项卡，在"比例"部分，将数字格式设定为小数位数为零的百分比格式，如图 4-1-41 所示。

Step 09：右击左侧数据窗口空白处，在弹出的快捷菜单中选择"创建参数"命令，在弹出窗口中输入或选择下列信息：数据类型为"浮点"、"当前值"设置为"0.8"、"显示格式"设置为"两位小数的百分比"；生成参数"销售额总额百分比参数"，如图 4-1-42 所示。

Step 10：右击视图右侧轴，在弹出的快捷菜单中选择"添加参考线"命令；在添加参考线窗口中，选择"线"选项卡，将线的"值"选择为上步创建的参数"销售总额百分比参数"，并将"标签"设置为"值"，单击"确定"按钮，如图 4-1-43 所示。

Step11：通过上述操作，则在视图中出现了一条 80% 的横向参考线，是帕累托原则中的一条基准线。这是一个基本的帕累托图，根据帕累托原则，图中应该还有一条垂直的参考线表示"至关重要的极少数"的比例。该内容在此部分不做进一步绘制，详细的内容会在后续章节进行介绍，帕累托原则横向参考线如图 4-1-44 所示。

■ 图 4-1-41　设置销售额总额百分比数字格式为百分比格式

■ 图 4-1-42　创建销售额总额百分比参数

■ 图 4-1-43　依据销售额总额百分比参数添加参考线

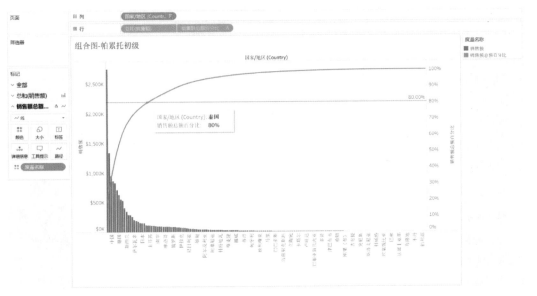

■ 图 4-1-44　帕累托原则横向参考线

从图中可以得知，将2012至2015年销售总额大于或等于奥地利的国家的销售额全部加和，即能达到该全球超市4年内销售总额的80%；也就是说销售额大于或等于奥地利的国家，是该全球超市客户中"至关重要的极少数"。

 ## 数据分析

面积图根据强调的内容不同，可以分为以下三类：

（1）普通/基本面积图：显示各种数值随时间或类别变化的趋势线。

（2）堆积面积图：显示每个数值所占大小随时间或类别变化的趋势线。可强调某个类别交于系列轴上的数值的趋势线。

（3）百分比堆积面积图：显示每个数值所占百分比随时间或类别变化的趋势线。可强调每个系列的比例趋势线。

面积图是一种随时间变化而改变范围的图表，主要强调数量与时间的关系。基本面积图在展示时自动按累计数据的面积大小进行排列，面积最大的类别置于底部。

图4-1-45直观呈现了2012至2015年"该全球超市在细分市场下的年度销售趋势"中销售总额占比最大的为"消费者"市场，"家庭办公室"与"公司"市场销售总额差距不大。该全国超市在"公司""家庭办公室""消费者"市场中的总销售额保持着上升趋势。

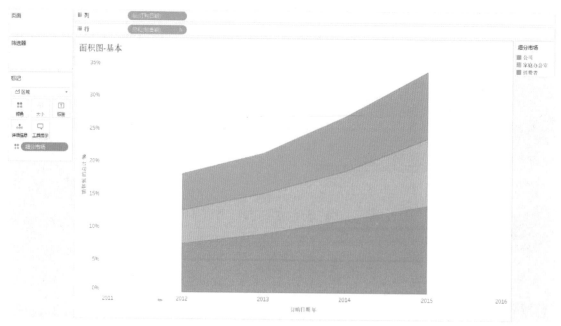

■ 图4-1-45 该全球超市在细分市场下的年度销售趋势

通过图4-1-46可以得到2012至2015年"该全球超市在细分市场下的年度销售趋势"中"公司""家庭办公室""消费者"市场在每年的总销售额中"消费者"一直占比最高，且非常平稳。"公司"与"家庭办公室"市场的总销售额势均力敌。

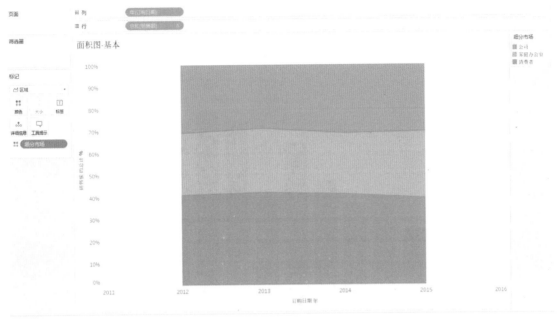

■ 图 4-1-46 该全球超市在细分市场下的年度销售额占比

在图 4-1-47 中，通过阴影坡度面积图，直观展示了该全球超市的微波炉与洗衣机年度销售总额趋势与两者之差。两者的销售总额趋势良好，不断上升，其中两者的销售总额不断接近。

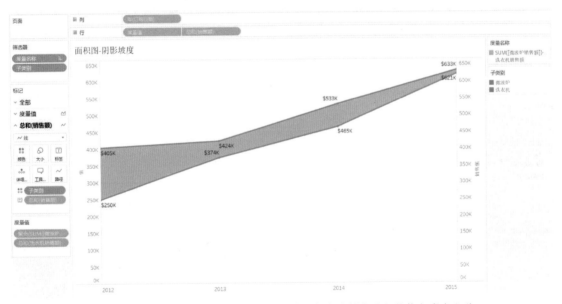

■ 图 4-1-47 该全球超市的微波炉与洗衣机年度销售总额趋势与两者之差

组合图支持双轴展示不同量级数据，可以在单坐标轴下同时展示常规线图、柱图和面积图组合，也支持展示堆积混合和百分比堆积的复杂场景。如图 4-1-48 所示，将该全球超市 2015 年每个月的总销售额与利润率两项结果呈现在同一张图表上，直接得到两者的变化趋势。

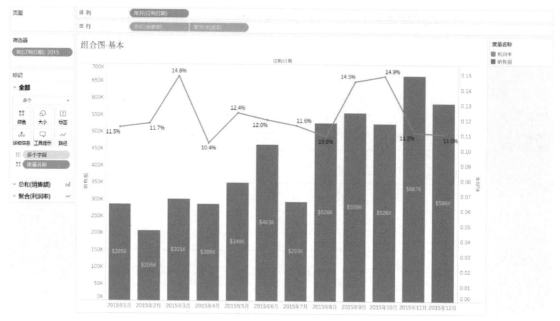

■ 图 4-1-48　该全球超市 2015 年每个月的总销售额与利润率组合图

帕累托图由柱状图和线形图组成，其中柱状图以降序的形式显示一个个度量值，而线性图则展示累计汇总的值。帕累托图的目的是在一系列因素中突出显示最主要的因素。

如图 4-1-49 所示，"该全球超市 2012 至 2015 年的销售额总额"占比超过 80% 的国家，就是整个销售总额中"最关键"的部分，那么在接下来的战略策划中，将对于这些国家与其他国家有区别地制定策略。

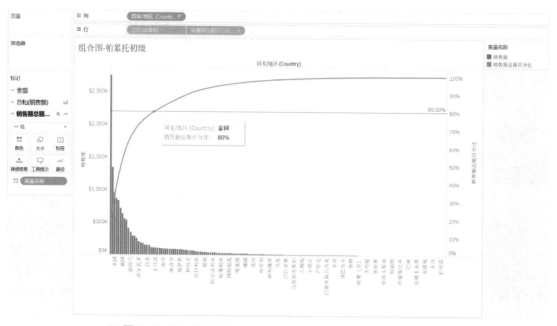

■ 图 4-1-49　该全球超市 2012 至 2015 年的销售额总额帕累托图

◎ 思考和练习

1. 你是否对帕累托图有所了解呢？为何要绘制帕累托图？（可以从帕累托图的表象出发分析）
2. 面积图、组合图相对于其他图来说有哪些优势与劣势？应该如何运用好这些优劣势？
3. 面积图根据强调的内容不同，可以分为_____、_____、_____三类。

◎ 知识拓展

帕累托图（Pareto chart）是将出现的质量问题和质量改进项目按照重要程度依次排列而采用的一种图表。以意大利经济学家 V.Pareto 的名字而命名。帕累托图又称排列图、主次图，是按照发生频率大小顺序绘制的直方图，表示有多少结果是由已确认类型或范畴的原因所造成。

从概念上说，帕累托图与帕累托法则一脉相承，而帕累托法则往往称为二八原理，即百分之八十的问题是百分之二十的原因所造成的。帕累托图在项目管理中主要用来找出产生大多数问题的关键原因，用来解决大多数问题。

任务二　散点图、地图绘制

散点图绘制

地图绘制

◎ 学习目标

◆ 能绘制 Tableau 散点图。
◆ 能绘制 Tableau 地图。

◎ 任务分析

本任务要讲解的是"散点图"和"地图"两种图表。散点图表示因变量随自变量变化的大概趋势，根据这个可以选择合适的函数对数据点进行拟合。例如，用两组数据构成多个坐标点，根据坐标点的分布，来判断变量之间存在的关联，总结和分析坐标点所显示的分布模式。可视化地图在数据分析中是比较常用，可以清晰展示与地理位置相关的数据情况。Tableau 里有不同类型的地图，如比例符号地图、点分布地图、流线地图等。下面来学习散点图及地图的制作。

任务实施

一、散点图

1. 散点图 – 基本

Step 01：新建一页工作表，重命名为"散点图 - 基本"。

Step 02：在左侧数据窗口中，将度量"销售额"拖至列功能区，将度量"利润"拖至行功能区，销售额与利润散点图如图 4-2-1 所示。

■ 图 4-2-1　销售额与利润散点图

Step 03：在菜单栏中选择"分析"→"聚合度量"命令，去掉前部的对勾符号，如图 4-2-2 所示。

■ 图 4-2-2　选择"聚合度量"命令

Step 04：Tableau 默认进行聚合运算，在绘制散点图时，要将所有个体都展开，以点的形式呈现在图上，故进行"解聚"操作，效果如图 4-2-3 所示。

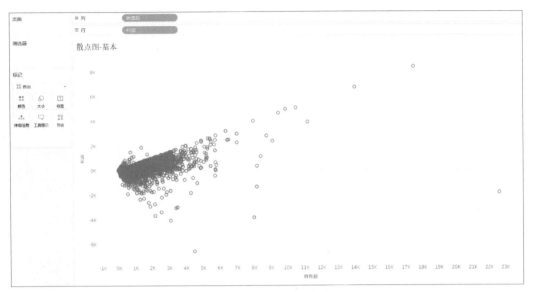

■ 图 4-2-3　解聚效果

　　此时便将该全球超市中的每一条交易记录都以一个圆点
的形式呈现在散点图中；展示了该全球超市在四年内所有订
单中销售额与利润的关系；此外，同样也可以按照聚合的方
式呈现散点图。

　　Step 05：在菜单栏中选择"分析"→"聚合度量"命令，
将其勾上。此时散点图恢复到最初一个点的状态，如图 4-2-4
所示。

　　Step 06：在左侧数据窗口中，将维度"国家 / 地区（Country）"拖至标记卡中详细信息处，
则单个圆点分裂成以国家为单位的散点图，以国家为单位的销售额与利润散点图如图 4-2-5 所示。

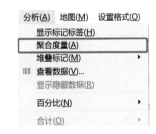

■ 图 4-2-4　再次执行聚合度量命令

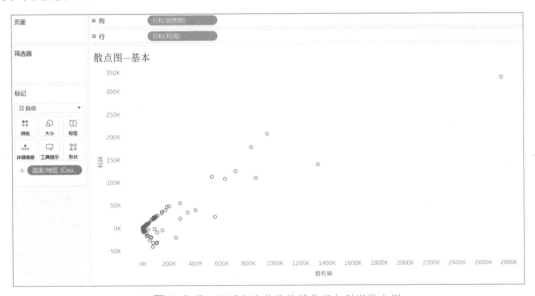

■ 图 4-2-5　以国家为单位的销售额与利润散点图

Step 07：右击最右上部的圆点，在弹出的快捷菜单中选择"添加注释"→"标记"命令（见图 4-2-6），弹出"编辑注释"对话框。

Step 08：Tableau 会自动根据在所有功能区中已经存在的维度而自动生成标记内容，用户可以根据自己的实际需求对注释进行编辑，如图 4-2-7 所示。

■ 图 4-2-6　执行添加标记注释命令　　　　　　　■ 图 4-2-7　编辑注释面板

Step 09：同样对离圆点集群距离较远的左下角的圆点进行标记，添加标记注释的效果如图 4-2-8 所示。

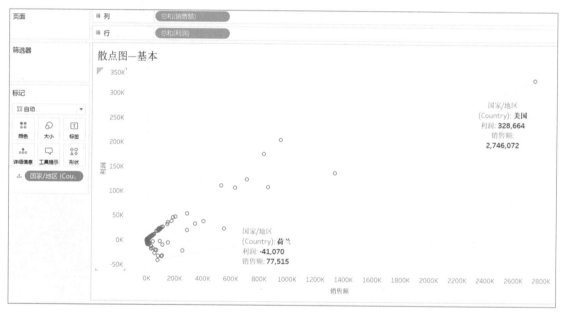

■ 图 4-2-8　添加标记注释

将该全球超市在各个国家 / 地区内的销售额和利润以散点的形式展开在图中，观察可得，该全球超市在美国的销售额和利润额都远超其他国家 / 地区，是该全球超市非常关键的客户；而对于荷兰而言，该全球超市在其的销售额虽超过许多国家，但利润情况却处于负盈利状态，且亏损金额并不低。

2. 散点图－多维

前面对基本散点图的绘制进行了介绍，针对散点图，也可以利用颜色、大小等视觉元素增加多维度的数据信息。下面以分析该全球超市在美国的客户群中的折扣、装运成本、销售额以及之间的关系为例，讲解向散点图中添加多维度信息的方法。

Step 01：新建一页工作表，重命名为"2.9.2 散点图－多维"。

Step 02：将度量"销售额"拖至列功能区，将度量"利润"拖至行功能区。

Step 03：将维度"国家／地区（Country）"拖至筛选器卡中，并搜索"美国"，仅勾选"美国"，单击"确定"按钮，如图 4-2-9 所示。

Step 04：得到图 4-2-10 所示美国地区的销售额与利润散点图。

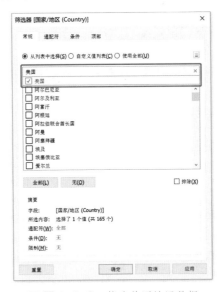

■ 图 4-2-9　筛选美国地区数据

■ 图 4-2-10　美国地区的销售额与利润散点图

Step 05：在标记卡中，将标记更换为"圆"；将维度"客户 ID"拖至标记卡中详细信息按钮处，如图 4-2-11 所示设置标记类型与添加客户 ID 详细信息。

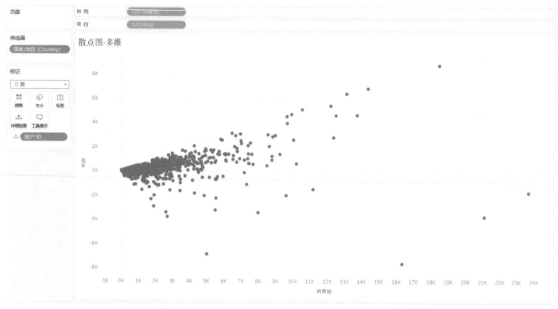

■ 图 4-2-11 设置标记类型与添加客户 ID 详细信息

Step 06：将度量"装运成本"拖至标记卡中大小按钮处。

Step 07：创建计算字段"折扣分类"并拖至标记卡中颜色按钮处，如图 4-2-12 所示创建折扣分类计算字段。

单击标记卡中颜色按钮，调节透明度至 80%，如图 4-2-13 所示设置标记颜色与透明度。

■ 图 4-2-12 设置折扣分类计算字段

■ 图 4-2-13 设置标记颜色与
透明度

Step 08：得到图 4-2-14 所示依据折扣分类的彩色带透明度散点图。

Step 09：由于散点图中的点群较为密集，可以分别单击"聚合（折扣分类）"中的图例，使选中的部分高亮于图中进行观察，如图 4-2-15 所示高亮"折扣 - 偏低"标记和图 4-2-16 所示高亮"折扣 - 高"标记。

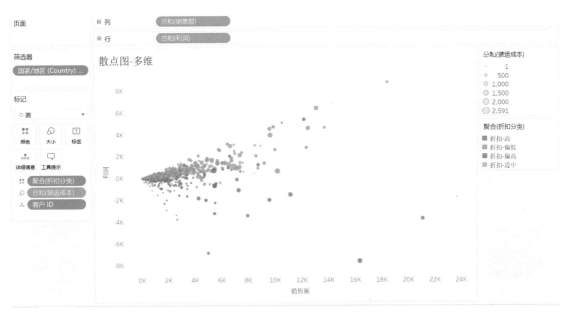

■ 图 4-2-14 依据折扣分类的彩色带透明度散点图

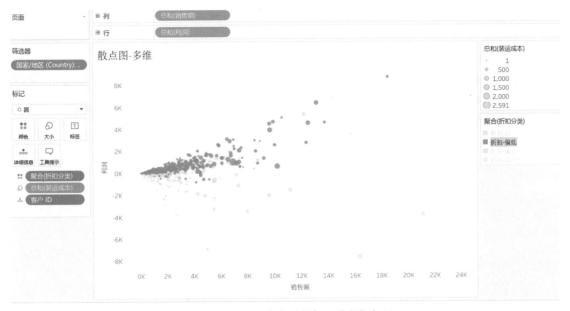

■ 图 4-2-15 高亮"折扣－偏低"标记

由此散点图可得,折扣分类与利润的关系较为明确,折扣力度偏低的点基本都位于散点图上部,而折扣力度大的点基本位于散点图下方,且大多处于负盈利状态;就装运成本而言,偏大的圆点都位于散点图的右侧,即大额订单匹配于更高额的装运费用。

3. 散点图－预测

为了展示变量之间的相关关系和相关强度,可以利用 Tableau 向视图添加趋势线,此时 Tableau 将构建一个回归模型,即趋势线模型。通过趋势线模型可以对两个变量的相关性进行分析,通过相关系数及其显著性检验可以衡量相关关系的密切程度。显著性检验指两个变量之间是否真正存在显著的相关关系：只有显著性水平较高时，相关系数才是可信的；相关系数值越大，表示相关性越强。Tableau 内置了线性模型、对数模型、指数模型和多项式模型等趋势线模型。

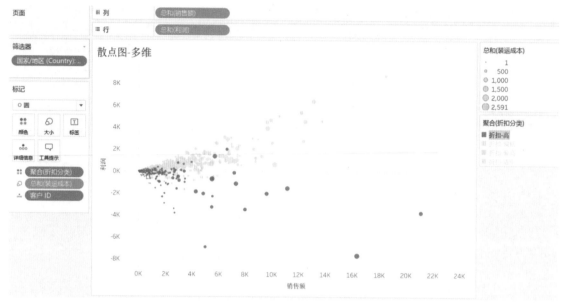

■ 图 4-2-16　高亮"折扣－高"标记

Step 01：基于上一节已生成的视图，右击视图空白区域，在弹出的快捷菜单中选择"趋势线"→"显示趋势线"命令，如图 4-2-17 所示。

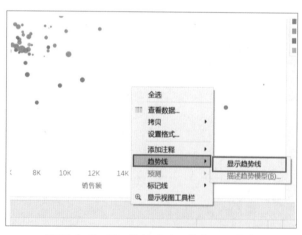

■ 图 4-2-17　执行"显示趋势线"命令

Step 02：得到图 4-2-18 所示趋势线。

Step 03：Tableau 利用线性模型添加了趋势线，将鼠标分别放在趋势线上，可以看到该趋势线的公式，如图 4-2-19 所示。

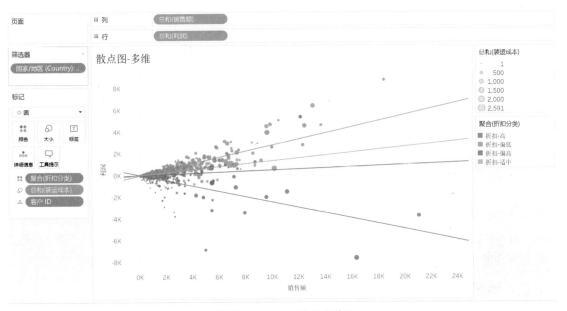

■ 图 4-2-18　显示趋势线

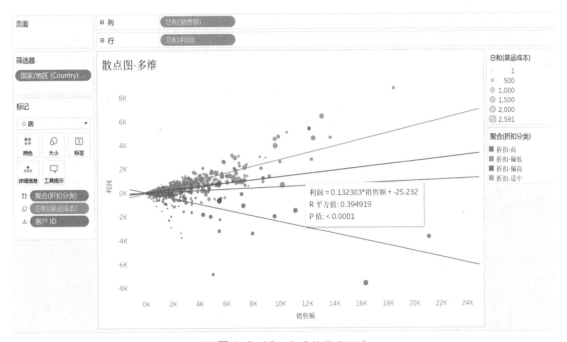

■ 图 4-2-19　查看趋势线公式

Step 04：右击视图空白处，在弹出的快捷菜单中选择"趋势线"→"描述趋势线模型"命令，如图 4-2-20 所示。

Step 05：在弹出的窗口中可以了解到该趋势线的显著性，即利润和销售额是否真正存在显著的趋势线所描述的相关关系，如图 4-2-21 所示。

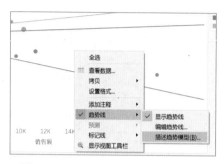

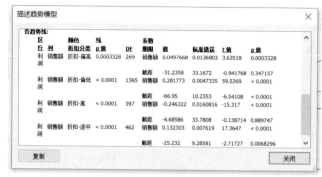

■ 图 4-2-20 执行"描述趋势模型"命令   ■ 图 4-2-21 描述趋势模型面板

通常 p 值小于或等于 0.05 时，表明该模型有意义，即销售额与利润存在趋势线所描述的线性关系。由图 4-2-21 可知，各趋势线的 p 值都远小于 0.05，这表明，针对不同折扣力度的各条趋势线，都能较好地描述该折扣力度下销售额与利润的关系。

二、地图

1. 地图 – 基本

首先以创建基本填充地图为例，展示一个全球超市在全球各地范围内的覆盖情况。

Step 01：单击窗口左下角的"新建工作表"按钮新建一页工作表，重命名为"地图 - 基本"，窗口面板如图 4-2-22 所示。

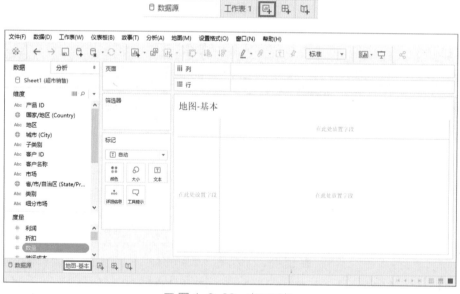

■ 图 4-2-22 窗口面板

Step 02：将度量"经度（生成）"拖至列功能区，将度量"纬度（生成）"拖至行功能区，如图 4-2-23 所示。此时会生成一张空白的世界地图。

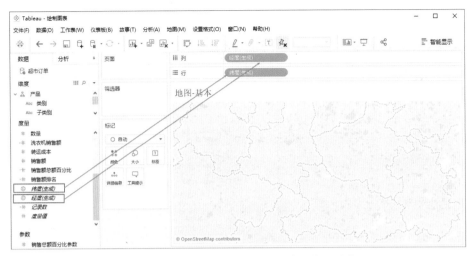

■ 图 4-2-23　将"经度"与"维度"拖至功能区

Step 03：将维度"国家 / 地区（Country）"拖至标记卡中的"详细信息"按钮上，如图 4-2-24 所示。

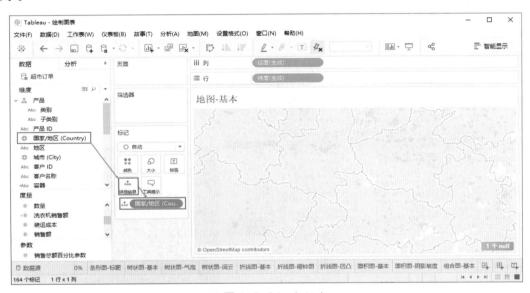

■ 图 4-2-24　标记卡

此时可以观察到两个重要信息：在世界地图中，许多蓝色的小圆点被标记在其中，这表示数据中所包含的国家或地区信息，也就是该全球超市的产品销往的国家或地区；在视图的右下角，发现有标记"1 未知"，这表示在数据中，有 1 个国家或地区信息未被 Tableau 正确匹配。需要首先进行地理位置信息修正。

Step 04：单击右下角"1 未知"，在弹出的"[国家 / 地区（Country）]的特殊值"窗口中单击"编辑位置"，如图 4-2-25（a）所示。

Step 05：在弹出的"编辑位置"窗口中发现有"中国台湾"的地理数据的匹配位置显示为"无法识别"，此时单击右侧红字"无法识别"，进行地理位置校正，按图 4-2-25 所示输入其中地理位置名称；"台湾"-"臺灣"，如图 4-2-26 所示。

■ 图 4-2-25 "［国家／地区 (Country)］的
特殊值"对话框

■ 图 4-2-26 "编辑位置"对话框

在消除与 Tableau 地图库不匹配的未知位置信息后，可以对 Tableau 的地图进行进一步的美化，使其成为填充地图。

Step 06：在标记卡中，将"自动"标记转换为"地图"，如图 4-2-27 所示。

Step 07：如图 4-2-28 所示，将维度"市场"拖至标记卡中的颜色按钮上，可以将地图按照不同市场进行不同的颜色填充。

■ 图 4-2-27 标记卡

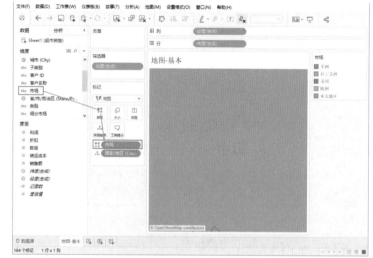

■ 图 4-2-28 基本地图

2. 地图 - 填充

在绘制填充地图的过程中，可以通过颜色来反映多个维度的数据信息，本节以中国部分地区内的销售情况为例，绘制该全球超市在中国境内部分地区的产品销售情况。

Step 01：新建一页工作表，重命名为"地图 - 填充"，如图 4-2-29 所示。

■ 图 4-2-29　工作表

Step 02：将度量"经度（生成）"拖至列功能区，将度量"纬度（生成）"拖至行功能区，生成空白世界地图。

Step 03：将维度"国家 / 地区（Country）"拖至筛选器卡中，搜索"中国"，勾选上"中国"（注意包括"中国台湾"和"中国香港特别行政区"），单击"确定"按钮。

Step 04：将维度"省 / 市 / 自治区（State/Province）"拖至标记卡的详细信息处。

Step 05：右下角出现"1 未知"，与上一节相同，单击"1 未知"，选择"编辑位置"，将"广西省"匹配为"广西"，如图 4-2-30 所示，单击"确定"按钮即可。

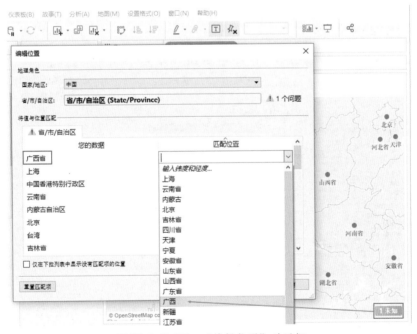

■ 图 4-2-30　"编辑位置"对话框

Step 06：右击维度窗口中的"省 / 市 / 自治区 (State/ State/Province)"，在弹出的列表中选择"创建"→"计算字段"命令（见图 4-2-31），输入字段"省市辅助"，如图 4-2-32 所示，单击"确定"按钮。

■ 图 4-2-31 列表对话框

■ 图 4-2-32 输入字段"省市辅助"窗口

Step 07： 计算字段"省市辅助"为字符型。右击"省市辅助"字段，在下拉菜单中选择"地理角色"→"国家 / 地区"命令，如图 4-2-33 所示。

Step 08： 在列功能区中，选中"经度（生成）"，按住【Ctrl】键并向右拖动鼠标，复制一个"经度（生成）"标记。此时标记卡中分成三层，"全部"、"经度（生成）"以及"经度（生成）（2）"，视图也被分为两份，如图 4-2-34 所示。

■ 图 4-2-33 列表

■ 图 4-2-34 标记卡

Step 09： 在标记卡"经度（生成）（2）"中，将计算字段"省市辅助"拖至该标记卡详细信息按钮中，并将"省 / 市 / 自治区（State/Province）"从该标记卡中移除，如图 4-2-35 所示。

此时图中右下角出现"31 未知"，打开"编辑位置"窗口可以发现，在计算字段"省市辅助"

的值中，只有我国香港和台湾匹配了"国家 / 地区"这一层地理信息，其余省级行政区均为未知，如图 4-2-36 所示。此时，不必校正其余地理信息，因为已经将我国台湾地区与 Tableau 的地理库成功匹配并呈现在视图当中。

■ 图 4-2-35　标记卡

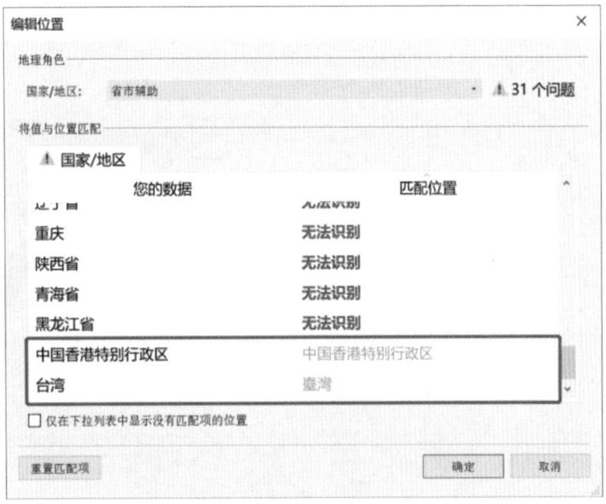

■ 图 4-2-36　编辑位置对话框

Step 10：右击列功能区第二个度量"经度（生成）"，或单击其右侧小三角，在下拉菜单中选择"双轴"命令，如图 4-2-37 所示。

Step 11：将两张地图进行合并，即可得到完整中国地图。

Step 12：在标记卡"经度（生成）（2）"中，单击"省市辅助"右侧小三角，在弹出的列表中选择"筛选器"命令（见图 4-2-38），在"筛选器"窗口中选择"四川省"和"重庆"，如图 4-2-39 所示。

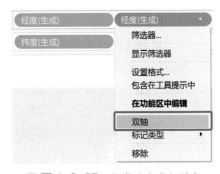

■ 图 4-2-37　经度（生成）列表

■ 图 4-2-38　标记卡

■ 图 4-2-39　筛选器"省市辅助"对话框

Step 13: 在左侧数据窗口中, 将度量"销售额"拖至标记卡"全部"的颜色按钮中, 则可得到该全球超市在中国四川省、重庆两个地区的产品销售额分布情况, 由图可知, 四川省的销售额要远高于重庆的销售额, 如图 4-2-40 所示。

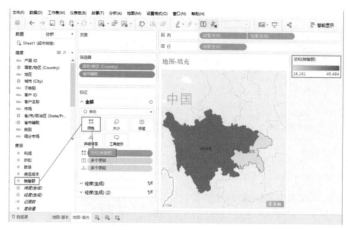

■图 4-2-40 地图 – 填充

3. 地图 – 城市图

沿着地理信息的下一层级, 如广东省为例, 分析该全球超市在广东省内各城市的销售分布情况。

Step 01: 新建一页工作表, 重命名为"地图 - 城市图", 如图 4-2-41 所示。

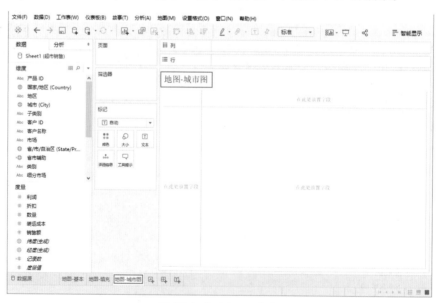

■图 4-2-41 工作表

Step 02: 将度量"经度(生成)"拖至列功能区, 将度量"纬度(生成)"拖至行功能区, 生成空白世界地图。

Step 03: 将维度"国家 / 地区(Country)"拖至筛选器卡中, 搜索"中国", 仅勾选"中国", 单击"确定"按钮, 如图 4-2-42 所示。

Step 04：将维度"省 / 市自治区（State/Province）"拖至筛选器卡中，搜索"四川省"，仅勾选"四川省"，单击"确定"按钮，如图 4-2-43 所示。

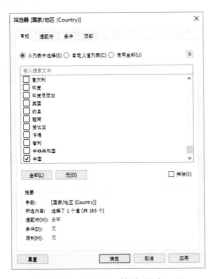

■ 图 4-2-42 筛选器卡 -1   ■ 图 4-2-43 筛选器卡 -2

Step 05：将维度"城市（City）"拖至标记卡详细信息按钮处，地图自动切换到四川省境内，如图 4-2-44 所示。

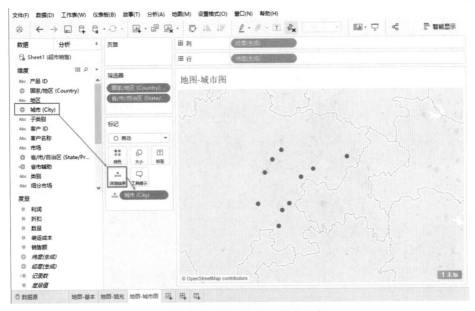

■ 图 4-2-44 地图 - 城市图表

Step 06：在标记卡中将标记类型从"自动"修改为"地图"，如图 4-2-45 所示。

Step 07：在左侧数据窗口中，右击维度"城市（City）"，在弹出的快捷菜单中选择地理角色，将"城市"修改为"县"，则视图中的地图转换为已填充的四川省地图，如图 4-2-46 所示。

■ 图 4-2-45　标记卡

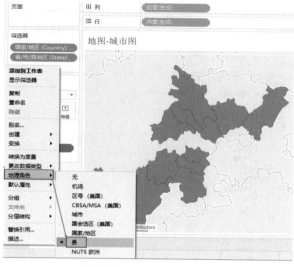

■ 图 4-2-46　地图面板

Step 08：最后将度量"销售额"拖至标记卡"颜色"按钮上，如图 4-2-47 所示，即可得到该全球超市在四川省内的销售额分布图。可以观察到，绵阳市和成都市的销售额分别位居第一、第二位，远高于其他地级市，如图 4-2-48 所示。

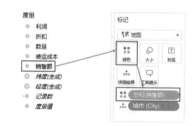

■ 图 4-2-47

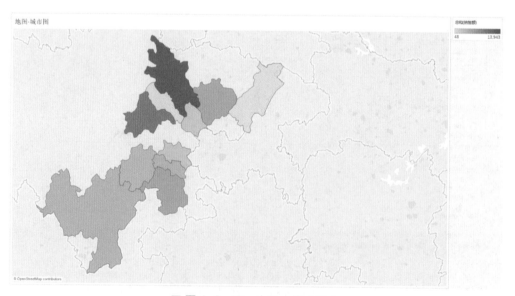

■ 图 4-2-48　地图－城市图表

4．地图－符号

对应于填充地图，也可以利用 Tableau 进行符号地图的绘制，通过符号的颜色、大小等信息，来反映不同的维度信息。

Step 01：新建一页工作表，重命名为"地图 - 符号"，如图 4-2-49 所示。

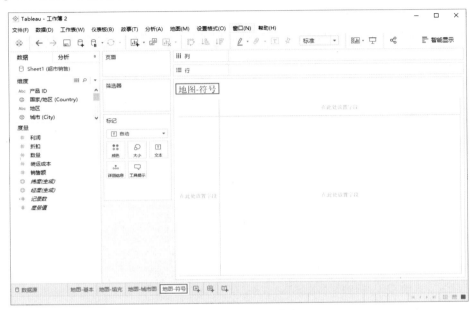

■ 图 4-2-49 工作表

Step 02：将度量"经度（生成）"拖至列功能区，将度量"纬度（生成）"拖至行功能区，生成空白世界地图。

Step 03：将维度"国家 / 地区（Country）"拖至"筛选器"卡中，勾选"中国"，单击"确定"按钮，如图 4-2-50 所示。

■ 图 4-2-50　筛选器［国家 / 地区（Country）］对话框

Step 04：将维度"省/市/自治区（State/Province）"拖至"筛选器"卡，选择贵州省、湖北省、湖南省、江西省、四川省和重庆，如图 4-2-51 所示。

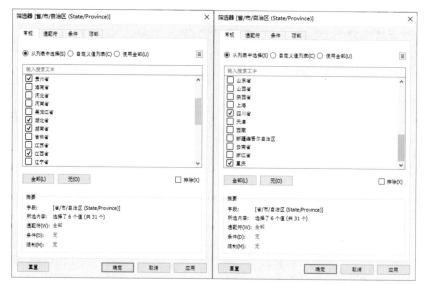

■ 图 4-2-51　筛选器［省/市/自治区（State/Province）］对话框

Step 05：将维度"城市"拖至"标记"卡的"详细"按钮处，如图 4-2-52 所示。

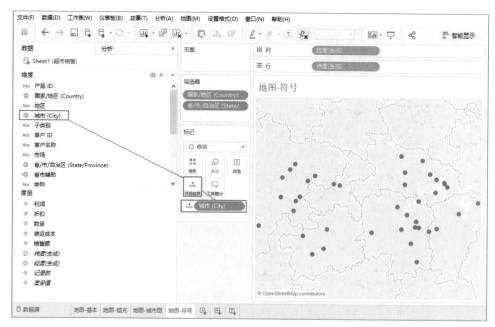

■ 图 4-2-52　将维度"城市"拖至标记卡

Step 06：将度量"销售额"拖至"标记"卡的"颜色"按钮以及"大小"按钮处，如图 4-2-53 所示。

Step 07：单击标记卡中的颜色按钮，单击"编辑颜色"按钮，在弹出的窗口中单击"色板"下拉按钮，选择"红色 - 绿色发散"颜色，单击"确定"按钮，如图 4-2-54 所示。

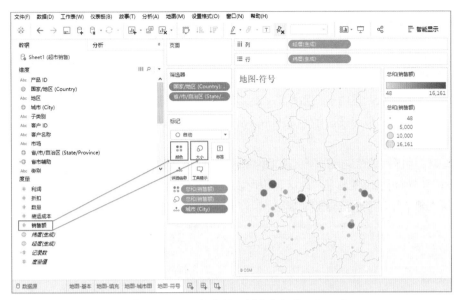

■ 图 4-2-53 将度量"销售额"拖至标记卡

Step 08：单击标记卡中的大小按钮，将滑块拖至中部，将地图中的圆符号放大，如图 4-2-55 所示。

■ 图 4-2-54 编辑颜色

■ 图 4-2-55 放大地图中的圆符号

即可得到图 4-2-56 所示效果。观察得知，该超市在重庆、绵阳的销售额位居前二。

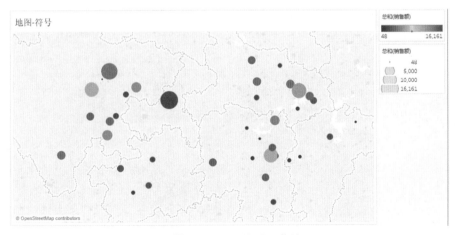

■ 图 4-2-56 地图－符号

数据分析

一、散点图

散点图，顾名思义就是由一些散乱的点组成的图表，这些点在哪个位置，是由其 X 值和 Y 值确定的，所以又称 XY 散点图。散点图有展示数据的分布和聚合情况、得到趋势线公式及辅助制图三大作用。

各个国家 / 地区销售额与利润散点如图 4-2-57 所示，根据数据的分布与集合，能够清晰明了地看到销售额与利润最高的国家 / 地区，也可以发现部分销售额不低的国家却是负利润，那么针对这些不同"圈子"可以进行合理地规划。

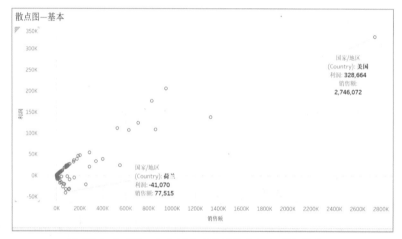

■ 图 4-2-57　各个国家 / 地区销售额与利润散点图

多维散点图利用颜色、大小等视觉元素来增加多维度的数据信息。例如图 4-2-58 所示按折扣分类设计散点图颜色与大小，通过基本散点图展示销售额与利润的关系，通过不同颜色展示折扣分类，通过元素的不同大小展示各地区装运成本的总和。选择右侧任一图例后，可以高亮显示选中数据，直观醒目。

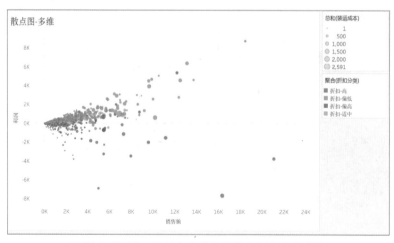

■ 图 4-2-58　按折扣分类设计散点图颜色与大小

预测散点图是在分析相关数据后，形成的一条趋势线。如图 4-2-59 所示，可以清晰地看到不同折扣下销售额与利润的关系。通过图 4-2-60 可以预测下一年的利润与销售额。

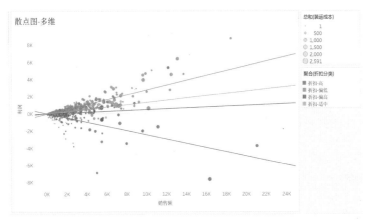

■ 图 4-2-59　显示描述趋势

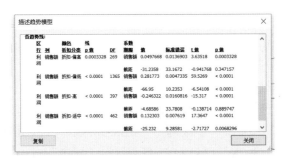

■ 图 4-2-60　描述趋势模型

二、地图

在 Tableau 中创建地图，可以帮助用户发现视觉集群，能清晰地展示和地理位置有关的数据情况。

观察图 4-2-61 最右侧的区块，可以看出总共有红绿两种颜色。越接近绿色销售额越高，而越接近红色销售额越低。根据颜色和圆符号大小的显示，可以清晰地看出有两片区域的销售额较高。

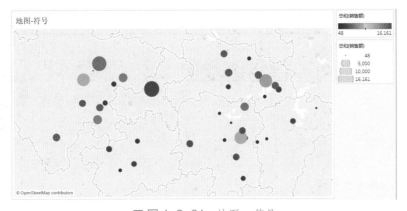

■ 图 4-2-61　地图－符号

思考和练习

1. Tableau 散点图预测线的斜率（即线的倾斜方向）代表什么？

2. Tableau 散点图和地图分别在可视化上有什么特点及优势？

3. Tableau 地图绘制可以运用在哪些场合中？

4. 散点图表示因_____随_____的大概趋势，根据这个可以选择合适的函数对数据点进行拟合。

5. 在 Tableau 中创建地图，可以帮助用户发现_____，能清晰地展示和_____有关的数据情况。

 知识拓展

散点图是一种常用的表现两个连续变量或多个连续变量之间相关关系的可视化展现方式，通常在相关性分析之前使用。借由散点图，可以大致看出变量之间的相关关系类型和相关强度，理解变量之间的关系。

地图：Tableau 的地图功能十分强大，可实现省市、地级市的地图展示，并可编辑经纬度信息，实现对地理位置的定制化功能。

Tableau 能够自动识别国家、省 / 直辖市、地市级别的地理信息，并能识别名称、拼音或缩写。Tableau 将每一级地理位置信息定义为"地理角色"，"地理角色"包括"国家 / 地区""省 / 市 / 自治区""城市""区号""CBSA/MSA""国会选区""县""邮政编码"。其中，只有"国家 / 地区""省 / 市 / 自治区""城市"对中国区域有效，如表 4-2-1 所示。

表 4-2-1　地理角色说明

地理角色	说　　明
国家 / 地区	全球国家 / 地区，包括名称、FIPS 10、2 字符（ISO 3166-1）或 3 字符（ISO 3166-1）。示例：AF、CD、Japan、Australia、BH、AFG、UKR
省 / 市 / 自治区	全世界的省 / 市 / 自治区，可识别名称和拼音。示例：河南、jiangsu、AB、Hesse
城市	全世界的城市名称，城市范围为人口超过一万、政府公开地理信息的城市，可识别中文、英文的城市名称。示例：大连、沈阳、Seattle、Boedeaux

任务三　盒须图、甘特图绘制

盒须图与甘特图绘制

 学习目标

◆能绘制 Tableau 盒须图。

◆能绘制 Tableau 甘特图。

任务分析

本任务要讲解的是"盒须图"及"甘特图"两种图表。盒须图是一种用于显示一组数据分散情况资料的统计图。甘特图又称横道图、条状图。该图以图示的方式把握项目进度，通过活动列表和时间刻度表示出任何特定项目的活动顺序与持续时间。

 任务实施

一、盒须图

1. 盒须图 – 基本

Step 01：新建一页工作表，重命名为"盒须图 - 基本"。

Step 02：在左侧数据窗口中，右击维度"国家 / 地区（Country）"或单击其右侧小三角，在弹出的快捷菜单中选择"创建"→"集"命令，如图 4-3-1 所示。

Step 03：在弹出的"创建集"对话框中，输入名称为"销售额 TOP10 国家"，选择"顶部"选项卡，在"按字段"选项区域选择"顶部 10"，以及"销售额"字段按"总计"方式聚合，则可得到集合"销售额 TOP10 国家"，如图 4-3-2 所示。

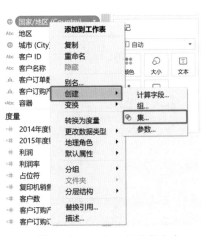

■ 图 4-3-1 执行创建集命令

■ 图 4-3-2 创建"销售额 TOP10 国家"集合

Step 04：在标记卡中，将标记类型设置为"圆"；从左侧数据窗口中，将集"销售额 TOP10 国家"拖至筛选器卡中；从左侧数据窗口中，将维度"国家 / 地区（Country）"拖至列功能区；从左侧数据窗口中，将度量"利润"拖至行功能区，如图 4-3-3 所示。

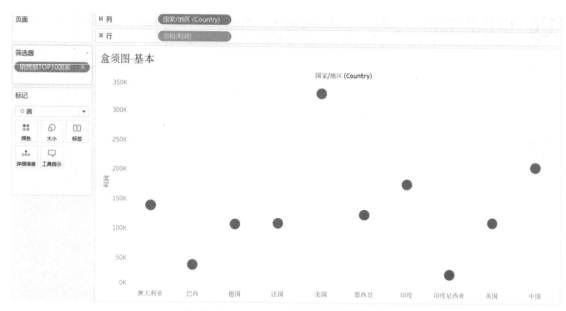

■ 图 4-3-3　各个国家 / 地区的利润图

Step 05：从左侧数据窗口中，将维度"省 / 市 / 自治区（**State/Province**）"拖至标记卡中的详细按钮处，并单击标记卡中的大小按钮，适当调节圆点大小，得到图 4-3-4 所示利润分布图。

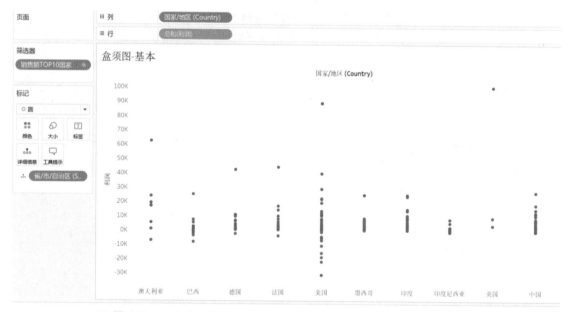

■ 图 4-3-4　各个国家的省 / 市 / 自治区（State/Province）的利润分布图

Step 06：右击视图中左侧轴，在弹出的快捷菜单中选择"添加参考线"命令，弹出"添加参考线、参考区间或框"对话框，选择"盒须图"选项卡，如图 4-3-5 所示，单击"确定"按钮，即可得到盒须图视图。在此窗口中，可以设置须状延伸长度、盒须样式等。销售额 TOP10 国家的各地区利润分布基本盒须图如图 4-3-6 所示。

■ 图 4-3-5　"添加参考线、参考区间或框"对话框

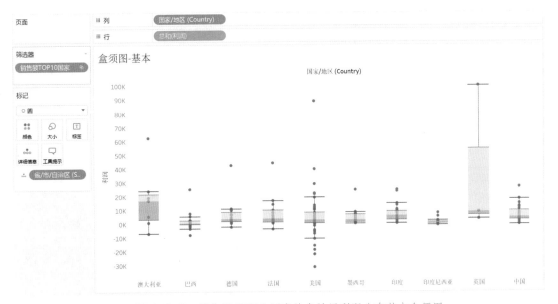

■ 图 4-3-6　销售额 TOP10 国家的各地区利润分布基本盒须图

2.　盒须图 - 图形延伸

在绘制盒须图时，往往会遇到散点较多的情况，上一小节中以国家内部的省 / 市 / 自治区为单位展开，并不影响观测，但如果以客户为单位，则绝大多数处于重合区间内。为了可视化的友好性以及有效性，本节以分析"该全球超市销售额前十国家内客户利润分布情况"为例，讲解盒须图中图形延伸的绘制方法。

Step 01：新建一页工作表，重命名为"盒须图 - 图形延伸"。

Step 02：右击左侧数据窗口空白处，在弹出的快捷菜单中选择"创建计算字段"命令，输入下列信息，生成字段"散点"；用于将点水平展开，展开幅度为 60，可根据实际情况调整，如图 4-3-7 所示。

■ 图 4-3-7　创建散点计算字段

Step 03：从左侧数据窗口中，将集"销售额 TOP10 国家"拖至筛选器卡中；从左侧数据窗口中，将维度"国家 / 地区（Country）"拖至列功能区；从左侧数据窗口中，将度量"利润"拖至行功能区。销售额 TOP10 国家的利润分布情况图如图 4-3-8 所示。

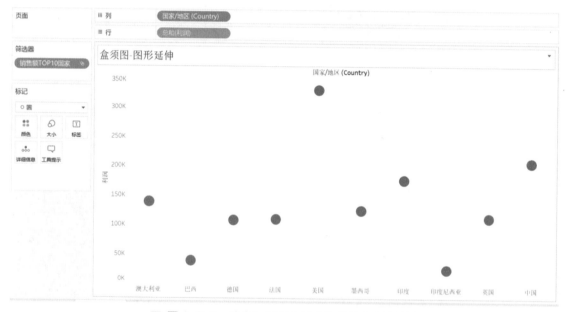

■ 图 4-3-8　销售额 TOP10 国家的利润分布情况图

Step 04：从左侧数据窗口中，将维度"客户名称"拖至标记卡详细信息按钮处；从左侧数据窗口中，将度量"销售额"拖至标记卡中的大小按钮处。从左侧数据窗口中，将维度"国家 / 地区（Country）"拖至标记卡中的颜色按钮处；得到图 4-3-9 所示的"蝌蚪图"。

Step 05：右击左侧轴，在弹出的快捷菜单中选择"添加参考线"命令，如图 4-3-10 所示。在添加参考线窗口中，选择"盒须图"，单击"确定"按钮，生成箱线图，如图 4-3-11 所示。

Step 06：从左侧数据窗口中，将计算字段"散点"拖至列功能区，右击该字段或单击其右侧小三角，在下拉菜单中选择"计算依据"→"客户名称"命令，如图 4-3-12 所示，将散点水平展开；右击下方轴，在弹出的快捷菜单中选择"显示标题"命令，取消其前方的复选标志，轴标题将被隐藏，如图 4-3-13 所示。

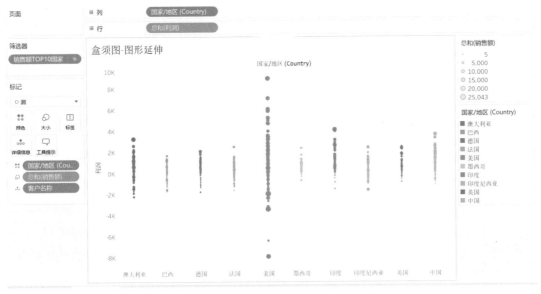

■ 图 4-3-9　每个客户提供的销售额分布图

■ 图 4-3-10　执行添加参考线命令

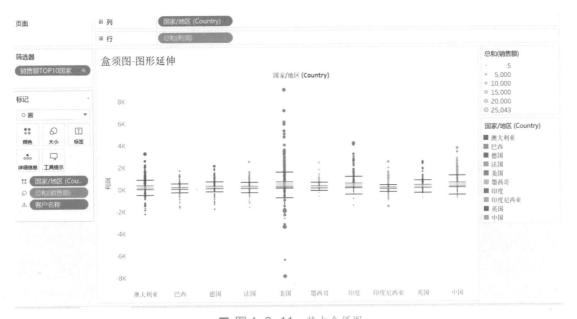

■ 图 4-3-11　基本盒须图

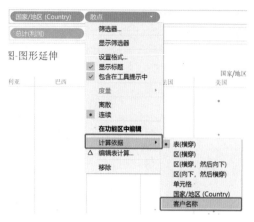

■ 图 4-3-12　设置以客户名称为计算依据　　　　■ 图 4-3-13　隐藏轴标题

Step 07： 在标记卡中单击大小按钮，适当调整圆点大小，得到图 4-3-14 所示水平延伸盒须图。

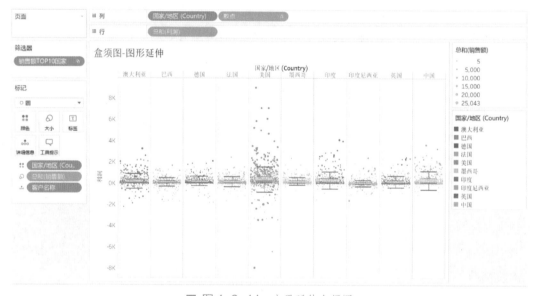

■ 图 4-3-14　水平延伸盒须图

通过观察展开的散点以及盒须图可知，该全球超市在美国客户群体中的利润额最为分散，其他九大销售额国家均较为集中；在美国客户群中，有数位高额利润的客户出现，同时也存在多位负利润的客户，均可成为重点关注对象。

二、甘特图

1. 甘特图 – 基本

Step 01： 新建一页工作表，重命名为"甘特图 - 基本"。

Step 02： 右击左侧数据窗口空白处，在弹出的快捷菜单中选择"创建计算字段"命令，输入下列信息，生成计算字段"发货周期"，如图 4-3-15 所示。

Step 03： 从左侧数据窗口中，将日期"订购日期"拖至筛选器卡中，选择"年 / 月"，如图 4-3-16 所示。单击"下一步"按钮，在筛选器窗口中，仅勾选"2015 年 8 月"，如图 4-3-17 所示。

■ 图 4-3-15　创建发货周期计算字段

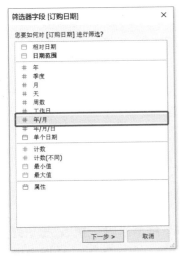

■ 图 4-3-16　选择筛选字段为年 / 月

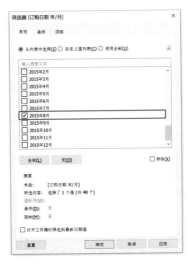

■ 图 4-3-17　选择筛选 2015 年 8 月数据

Step 04：从左侧数据窗口中，将维度"国家 / 地区（Country）"拖至筛选器卡中，搜索"中国"，仅勾选"中国"，如图 4-3-18 所示，单击"确定"按钮。在标记卡中，将标记类型设置为"甘特条形图"，如图 4-3-19 所示。

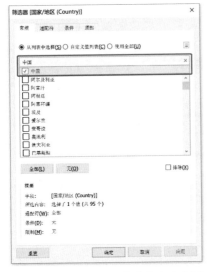

■ 图 4-3-18　设置筛选字段为中国

■ 图 4-3-19　设置标记类型为甘特条形图

Step 05：从左侧数据窗口中，将日期"订购日期"拖至列功能区；右击该字段或单击其右侧小三角，在弹出菜单中选择"精确日期"；从左侧数据窗口中，将维度"省/市/自治区（State/Province）"拖至行功能区。2015 年 8 月中国各省/市/自治区的订购日期分布图如图 4-3-20 所示。

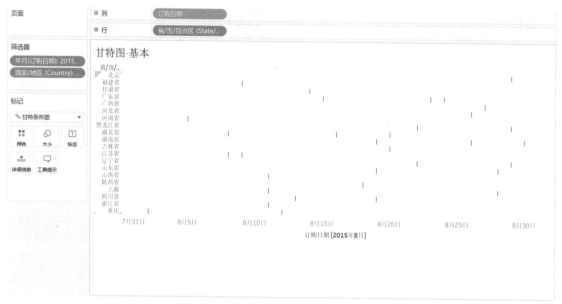

■ 图 4-3-20　2015 年 8 月中国各省/市/自治区的订购日期分布图

Step 06：从左侧数据窗口中，将计算字段"发货周期"拖至标记卡中大小按钮处；从左侧数据窗口中，将维度"装运方式"拖至标记卡中颜色按钮处；得到图 4-3-21 所示甘特条形图雏形。

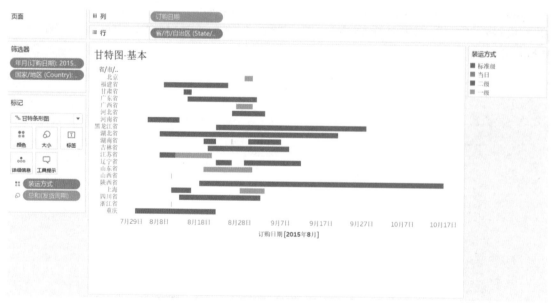

■ 图 4-3-21　甘特条形图雏形

从视图中发现，有不少重叠的甘特条，结合数据结构考虑，需按地区及订单层面聚合数据；

且一笔订单中包含多类商品，均为同一批次发货，聚合方式不应为总计。

Step 07：将维度"订单 ID"拖至行功能区；在标记卡中，将"总计（发货周期）"的聚合方式修改为"最大（发货周期）"；得到图 4-3-22 所示各个订单发货周期甘特条形图。

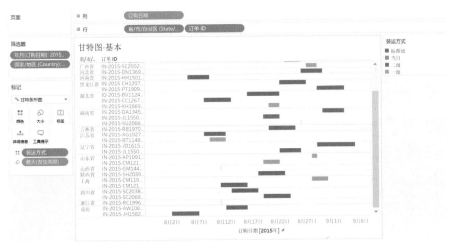

■ 图 4-3-22　各个订单发货周期甘特条形图

观察甘特条形图可以了解到，2015 年 8 月，该全球超市在中国境内所有订单的发货情况；在众多省份中，大多数装运方式为标准级；湖南、山西与浙江有少数紧急订单；在绝大多数省份中，发货周期均小于或等于 5 天。

2. 甘特图 - 瀑布

Step 01：新建一页工作表，重命名为"甘特图 - 瀑布"。

Step 02：右击左侧数据窗口空白处，在弹出的快捷菜单中选择"创建计算字段"命令，输入下列信息，生成计算字段"负利润额"，如图 4-3-23 所示。

Step 03：在标记卡中，将标记类型设置为"甘特条形图"；从左侧数据窗口中，将维度"地区"拖至列功能区，将度量"利润"拖至行功能区；如图 4-2-24 所示，各地区的利润分布图如图 4-2-25 所示。

■ 图 4-3-23　创建负利润额计算字段　　　　■ 图 4-3-24　设置标记类型为

甘特条形图

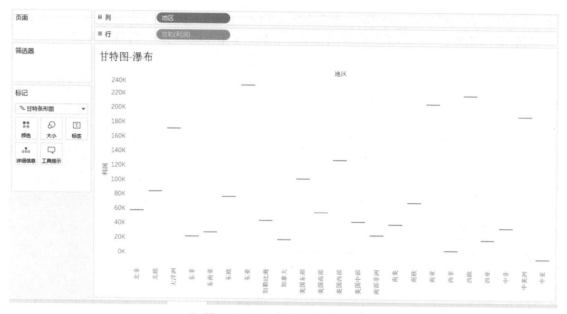

■ 图 4-3-25　各地区的利润分布图

Step 04：在行功能区，右击度量"总和（利润）"或单击其右侧小三角，在下拉菜单中选择"快速表计算"→"汇总"命令，如图 4-3-26 和图 4-3-27 所示。

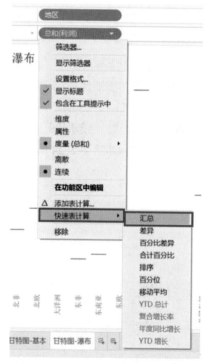

■ 图 4-3-26　执行快速表计算（汇总）命令

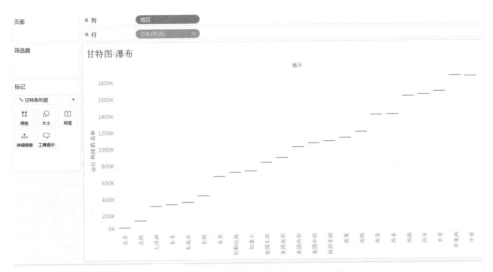

■ 图 4-3-27　快速表计算（汇总）结果

Step 05：从左侧数据窗口中，将计算字段"负利润额"拖至标记卡大小按钮处，如图 4-3-28 所示。

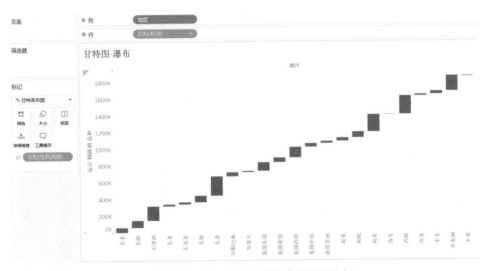

■ 图 4-3-28　显示各地区负利润额总额

Step 06：从左侧数据窗口中，将计算字段"负利润额"拖至标记卡颜色按钮处，单击颜色按钮中的"编辑颜色"，在弹出的窗口中，将"色板"选择为"红色 - 绿色发散"；勾选"渐变颜色"复选框，并设置为"2 阶"；单击"<< 高级"按钮，并勾选"中心"复选框，设置中心为"0"，如图 4-3-29 所示。单击"确定"按钮。按住【Ctrl】键，从行功能区，将度量"总计（利润）"拖至标记卡中标签按钮处；并设置格式为两位小数、以百万为单位的美元货币格式。如图 4-3-30 所示。

■ 图 4-3-29　编辑负利润额颜色

Step 07：在窗口上方菜单栏中选择"分析"→"合计"→"显示行总计"命令，如图 4-3-31 所示，则在右侧出现总计利润额图例，如图 4-3-32 所示。

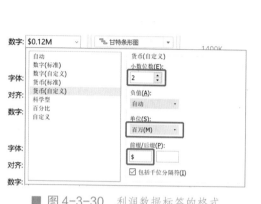

■ 图 4-3-30　利润数据标签的格式　　　　　　■ 图 4-3-31　执行显示行总计命令

Step 08：在列功能区中，右击维度"地区"或单击其右侧小三角，在下拉菜单中单击"排序"，在弹出的排序窗口中，设置排序顺序为"升序"，排序依据为"负利润额"字段的"总计"聚合方式。全球超市各地区利润额瀑布甘特图如图 4-3-33 所示。

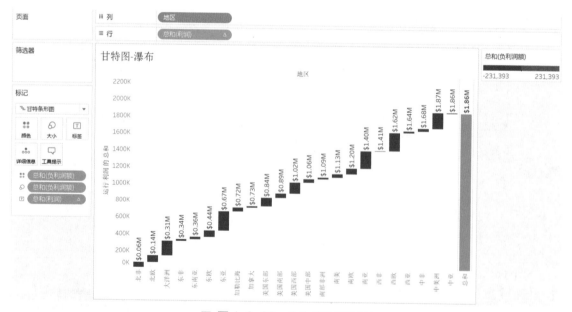

■ 图 4-3-32　总计利润额图例

由瀑布图可知，该全球超市在东亚的利润额最大，而中亚处于亏损状态；除此之外，瀑布图还可以用于呈现以时间为横轴的类 K 线图，了解每天该全球超市的利润走势情况等，绘制方法与此类同，本节不做详细解释。

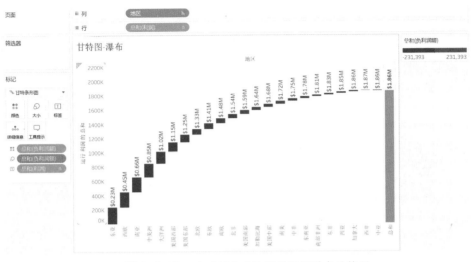

■ 图 4-3-33　全球超市各地区利润额瀑布甘特图

🎯 数据分析

各个国家的省 / 市 / 自治区（State/Province）的利润基本盒须图如图 4-3-34 所示，大部分国家的利润都在 0 K~20 K，英国客户群体虽小，但有一位高额利润的客户出现，总利润最高。中国、印度、印度尼西亚等国，客户群体的利润额比较集中，基本没有高额利润客户。澳大利亚、美国、英国均有高额利润客户，但其中美国的负额利润客户较多，所以总利润还是较低，可能需要重点关注。

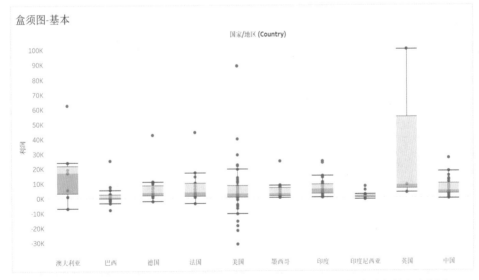

■ 图 4-3-34　各个国家的省 / 市 / 自治区（State/Province）的利润基本盒须图

在图 4-3-35 所示各个国家的省 / 市 / 自治区（State/Province）所有客户产生的利润延伸盒须图中，除美国外，其他国家 / 地区的客户分布都较为集中，而美国客户群体的利润分布非常分散，高额与负额利润的客户都占多数，所以总体利润比想象中要低很多。

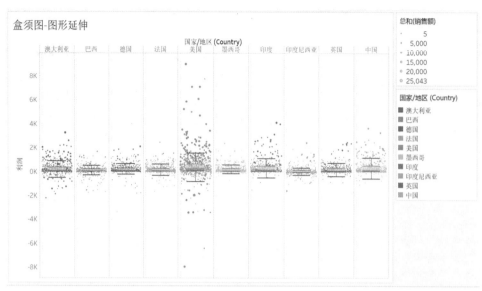

■ 图 4-3-35 各个国家的省 / 市 / 自治区（State/Province）所有客户产生的利润延伸盒须图

甘特图是以作业排序为目的，将活动与时间联系起来的最早尝试的工具之一，帮助企业描述工作中心、超时工作等资源的使用。

在图 4-3-36 所示 2015 年 8 月中国各地区各订单的装运方式与装运时长基本甘特图中，制订了 2015 年 8 月 2 日至 9 月 6 日不同地区的订单装运方式与装运时长。最后将该图表交予负责人或直接由负责人指定甘特图，进行装运工作的安排。

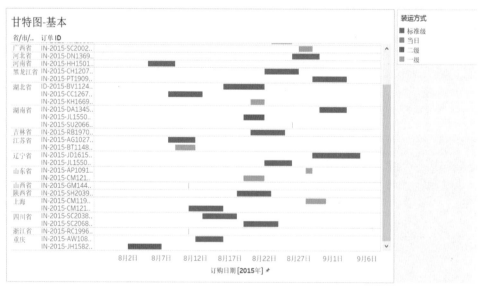

■ 图 4-3-36 2015 年 8 月中国各地区各订单的装运方式与装运时长基本甘特图

瀑布甘特图既能反映数据的多少，又能直观地反映出数据的增减变化。通过巧妙的设置，使图表中数据点的排列形状看似瀑布。通常，瀑布图被用于元数据有分类的情况下，来反映各部分之间的差异。

在图 4-3-37 所示的全球超市各地区运行利润总和瀑布甘特图中，各国家 / 地区利润额由高到低排列，能够清晰地看到运行利润的总和，还可以了解到最大利润额在东亚，而中亚的利润额为负。

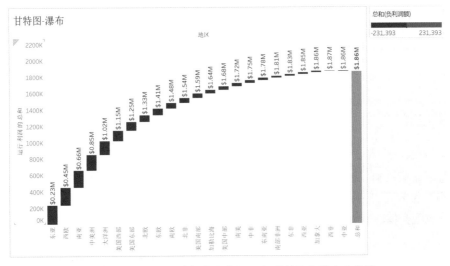

■ 图 4-3-37　全球超市各地区运行利润总和瀑布甘特图

思考和练习

1. Tableau 盒须图和什么图的性质比较相似，它能用在哪些场合？

2. 既然 Tableau 甘特图 - 瀑布图这么清晰明了，基本甘特图有什么价值呢？

3. 甘特图是以_____为目的，将活动与时间联系起来的最早尝试的工具之一。

4. 瀑布甘特图既能_____的多少，又能直观地反映出数据的_____。通过巧妙的设置，使图表中数据点的排列形状看似_____。

知识拓展

盒须图又称箱线图，是一种常用的统计图形，用以显示数据的位置、分散程度、异常值等。盒须图主要包括 6 个统计量：下限、第一四分位数、中位数、第三四分位数、上限和异常值。一般来说，上限与第三四分位数之间以及下限与第一四分位数之间的形状称为须状。

甘特图又称横道图，是以图示的方式通过活动列表和时间刻度形象地表示出任何特定项目的活动顺序和持续时间。甘特图的横轴表示时间，纵轴表示活动或项目，线条表示在整个期间上该活动或项目的持续时间，因此可以用来比较与日期相关的不同活动或项目的持续时间长短。甘特图也常用于显示不同任务之间的依赖关系，并被普遍用于项目管理中。

项目归纳与小结

阿洪：“本项目中学习了面积图、阴影坡度面积图、组合图、帕累托图初级、散点图、散点预测图、地图、图形延伸盒须图、基本甘特图和瀑布图。内容非常丰富，你要花点时间去熟练掌握这些图表的使用哦，在之后的图表制作中一定可以大幅度提高可视性、美观度。"

小娅："谢谢前辈，接下来我会通过实操演练对今天和上次学习的图表制作方法进行练习的。"

实操演练

本项目以超市销售数据为依托进行了面积图、阴影坡度面积图、组合图、散点图、地图、盒须图和甘特图的学习。下面继续以超市销售数据为依据，请大家制作以下图表：

1. 自行选取数据，制作基本面积图（结果参考图 4-3-38）。

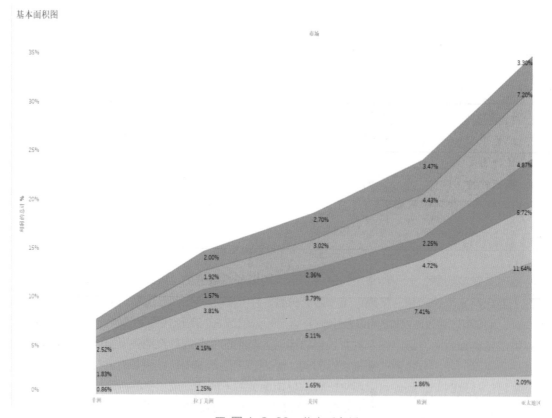

■ 图 4-3-38　基本面积图

2. 自行选取数据，制作帕累托图（结果参考图 4-3-39）。

3. 自行选取数据，制作预测散点图（结果参考图 4-3-40）。

4. 自行选取数据，制作图形延伸盒须图（结果参考图 4-3-41）。

5. 自行选取数据，制作瀑布图（结果参考图 4-3-42）。

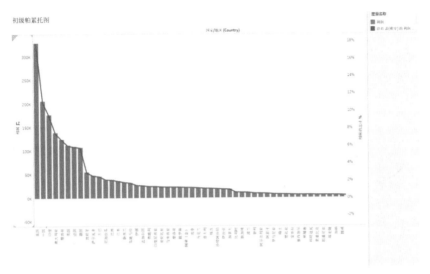

■ 图 4-3-39　帕累托图

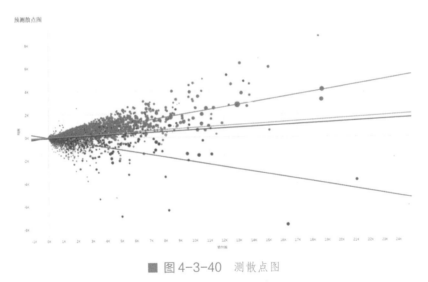

■ 图 4-3-40　测散点图

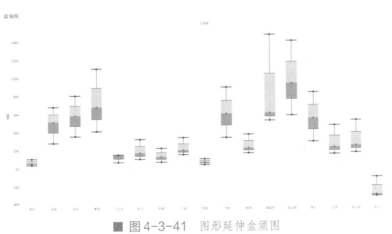

■ 图 4-3-41　图形延伸盒须图

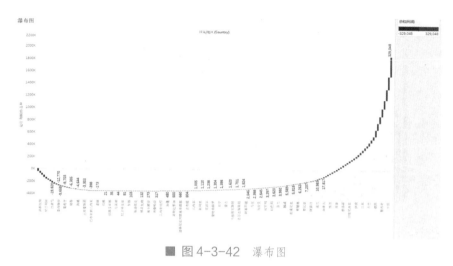

■ 图 4-3-42　瀑布图

6. 以使图表数据更清晰为目的，对制作的 5 张图表进行美化处理。

7. 分别说明为何使用该图表阐释此数据。

项目评价

项目实训评价			
评价项目	评　　价		
	完全实现	基本实现	继续学习
任务 1　面积图、组合图绘制			
学习目标　绘制 Tableau 面积图 能熟练绘制 Tableau 面积图			
绘制 Tableau 组合图 能熟练绘制 Tableau 组合图			
任务 2　散点图、地图绘制			
学习目标　绘制 Tableau 散点图 能熟练绘制 Tableau 散点图			
绘制 Tableau 地图 能熟练绘制 Tableau 地图			
任务 3　盒须图、甘特图绘制			
学习目标　绘制 Tableau 盒须图 能熟练绘制 Tableau 盒须图			
绘制 Tableau 甘特图 能熟练绘制 Tableau 甘特图			

项目五

挖掘
——数据处理方法

 情景

小娅："阿洪前辈，领导让我把这些数据的参数进行计算处理，在 Tableau 中应该怎么进行操作呢？可不可以再教我一下。"

阿洪："那今天就教你怎么在 Tableau 中进行表计算、创建计算字段，再教你一些常用的函数和参数吧。要认真听讲哦。"

任务一　表计算与计算字段

表计算与计算字段

 学习目标

◆能使用 Tableau 的表计算。
◆能使用 Tableau 的创建计算字段。

 任务分析

前文中学习了 Tableau 视图生成的基本知识，包括连接各类数据源、工作表的基础操作、用 Tableau 创建各类图形等。

本任务将介绍表计算和计算字段。接下来让我们一起来学习一下吧。

任务实施

一、表计算

表计算是应用于整个表中数值的计算，通常依赖于表结构，这些计算的特点在于使用数据库中多行数据计算一个值。要创建表计算，需要定义计算的目标值和计算的对象数值，可以在"表计算"对话框中使用"计算类型"和"计算对象"下拉菜单定义这些数值。

1. 快速表计算

Tableau 把常用的表计算嵌入"快速表计算"中，利用它们能非常快速地使用表计算结果。

Step 01： 新建一页工作表，重命名为"表计算"。

Step 02： 从左侧数据窗口中，将维度"订购日期"拖至列功能区，将维度"市场"和"细分市场"拖至行功能区，将度量"销售额"拖至标记卡中文本按钮处。每个市场的细分市场下每年的销售总额如图 5-1-1 所示。

Step 03： 在标记卡中，右击"总和（销售额）"或单击其右侧小三角，在下拉菜单中选择"快速表计算"→"差异"命令，如图 5-1-2 所示。

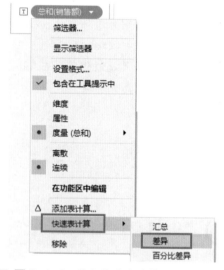

■ 图 5-1-1　每个市场的细分市场下每年的销售总额　　■ 图 5-1-2　执行快速表计算（差异）命令

此时，默认表计算的逻辑是沿着"表（横穿）"相对于上一个顺次计算差值，如 33 992–30 969 得到 3 023，44 511–46 298 得到 –1 786，依此类推。双击该字段，可以看到快速表计算的公式为 ZN(SUM([销售额]))–LOOKUP(ZN(SUM([销售额])),–1)。执行快速表计算（差异）命令后的效果如图 5-1-3 所示。

如果希望获得与"第一个"值（即 2012 年销售额）的差异，则进行下列操作步骤。

Step 04： 右击标记卡中"总计（销售额）"或单击其右侧小三角，在弹出的下拉菜单中选择"相对于"→"第一个"命令，如图 5-1-4 所示。

■ 图 5-1-3 执行快速表计算（差异）命令后效果

此时，双击该字段可以看到快速表计算公式为 ZN (SUM([销售额]))–LOOKUP(ZN(SUM([销售额])),FIRST())。得到的差异值是每一个值与沿着"表（横穿）"的第一个值之间的差值。执行相对于（第一个）命令后的效果如图 5-1-5 所示。

在高级分析中，"快速表计算"是比较常用的方式。Tableau 总共嵌入了包括汇总、差异、百分比差异、总额百分比、排序、百分位、移动平均、YTD 总计（本年迄今总计）、符合增长率、年同比增长和 YTD 增长（本年迄今增长）共 11 个快速表计算，可实现对表中一组数据的快速计算总计、差异、移动平均等。

■ 图 5-1-4 执行相对于（第一个）命令

市场	细分市场	订购日期			
		2012	2013	2014	2015
非洲	公司		3,023	43,090	-14,184
	家庭办公室		-1,786	14,183	30,799
	消费者		16,057	27,315	37,353
拉丁美洲	公司		36,312	31,092	48,479
	家庭办公室		51,478	42,734	35,317
	消费者		221	104,068	20,952
美国	公司		-3,792	97,832	47,726
	家庭办公室		-8,607	10,196	98,225
	消费者		-2,752	47,451	-10,907
欧洲	公司		35,111	75,153	101,008
	家庭办公室		36,892	27,965	120,987
	消费者		104,858	27,942	109,639
亚太地区	公司		11,953	83,389	98,822
	家庭办公室		85,255	92,468	131,798
	消费者		111,105	118,402	170,883

市场	细分市场	订购日期			
		2012	2013	2014	2015
非洲	公司	0	3,023	46,113	31,928
	家庭办公室	0	-1,786	12,397	43,196
	消费者	0	16,057	43,372	80,724
拉丁美洲	公司	0	36,312	67,404	115,882
	家庭办公室	0	51,478	94,211	129,529
	消费者	0	221	104,289	125,241
美国	公司	0	-3,792	94,040	141,766
	家庭办公室	0	-8,607	1,588	99,814
	消费者	0	-2,752	44,699	33,792
欧洲	公司	0	35,111	110,264	211,271
	家庭办公室	0	36,892	64,856	185,843
	消费者	0	104,858	132,800	242,439
亚太地区	公司	0	11,953	95,342	194,164
	家庭办公室	0	85,255	177,723	309,521
	消费者	0	111,105	229,507	400,390

■ 图 5-1-5 执行相对于（第一个）命令后效果

2. 寻址和分区

除了快速表计算，Tableau 还提供了多种表计算函数，可以使用它们灵活编辑公式，自定义表计算。本小节将介绍两个重要概念：寻址字段和分区字段。

寻址指的是对计算对象进行定义的维度字段，确定用于表计算的对象，可以按照不同深度级别进行寻址。一般来说，寻址可以相对于表结构（以"表"、"区"或"单元格"开头的选项）或相对于特定字段（如订购日期（年）、市场、细分市场等）。

分区则是对计算对象进行分组的维度字段，用于将视图拆分为多个子视图（或子表），然后将表计算应用于每个此类分区内的标记。简单理解，"分区字段"就是确定计算时的分组方式的维度。系统在每个分区内单独执行表计算。

Tableau 在 10.5 版本中，已经将寻址和分区功能封装在一起形成"计算依据"模块，但概念依旧不变。计算依据主要分为两类，一类是封装好的计算顺序和规则，如表（横穿）、区（向下）、单元格等，一类是自定义计算顺序和规则，即"特定维度"。表计算设置窗口如图 5-1-6 所示。

3. 计算依据设置

（1）表（横穿）及表（向下）

表（横穿）可以理解为对每一个分区沿着水平方向进行特定的计算，行功能区的字段"市场"以及"细分市场"为分区字段，按"订购日期 年"寻址。如图 5-1-7 所示计算依据为表（横穿）结果。

■ 图 5-1-6 "表计算"设置窗口

■ 图 5-1-7 计算依据为表（横穿）结果

表（向下）可以理解为对每一个分区沿着垂直方向进行特定的计算，列功能区的字段"年（订购日期）"为分区字段，按"市场"和"细分市场"寻址。如图 5-1-8 所示计算依据为表（向下）结果。

（2）表（横穿，然后向下）及表（向下，然后横穿）

表（横穿，然后向下）将寻址设置为先横向后竖向计算整个表，表中横向和竖向排列的字段

都是寻址字段，顺序为"市场"→"细分市场"→"订购日期 年"，没有分区字段。如图 5-1-9
所示计算依据为表（横穿，然后向下）结果。

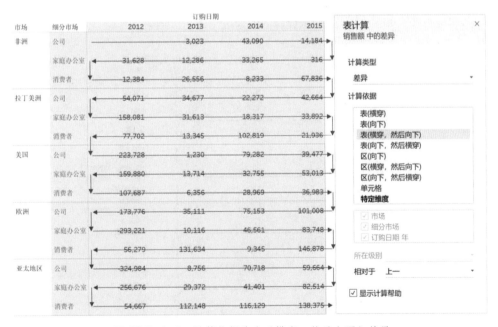

■ 图 5-1-8 计算依据为表（向下）结果

■ 图 5-1-9 计算依据为表（横穿，然后向下）结果

表（向下，然后横穿）将寻址设置为先竖向后横向计算整个表，表中横向和竖向排列的字段
都是寻址字段，顺序为"订购日期 年"→"市场"→"细分市场"，没有分区字段。如图 5-1-10

所示计算依据为表（向下，然后横穿）结果。

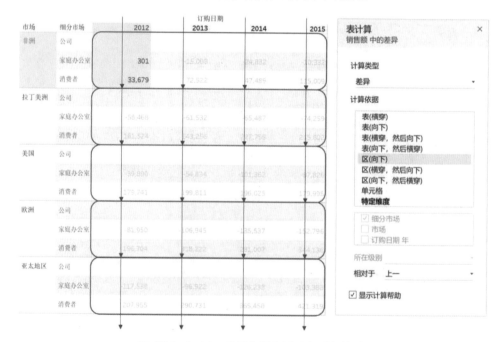

■ 图 5-1-10　计算依据为表（向下，然后横穿）结果

（3）区（向下）

区（向下）将对表中的区向下进行计算，其中"市场"和"订购日期 年"为分区字段，"细分市场"是寻址方式。如图 5-1-11 所示计算依据为区（向下）结果。

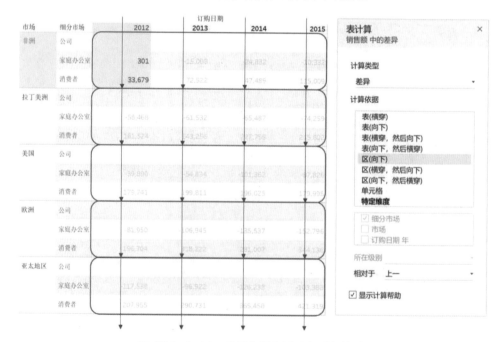

■ 图 5-1-11　计算依据为区（向下）结果

其他和区相关的计算范围，比如区（横穿，然后向下）及区（向下，然后横穿），都是针对每个区进行的计算，其区别只是寻址方式不同。

在表、区进行计算依据设置外，在 Tableau 中还可以根据单元格、单个字段或多个字段进行计算。

单元格：当设置计算依据为"单元格"时，所有字段都是分区字段，在计算总额百分比时，此选项通常最有用。

特定维度：将计算依据设置为"特定维度"，并勾选某一个或多个指定的字段进行计算，设置好"相对于"，以及"排序顺序"，灵活地使用表计算。此选项的好处是可以绝对控制计算方式，即便是梗概视图方向，表计算也将继续使用相同的寻址和分区字段。

二、计算字段

Tableau 中的计算编辑器可提供交互式编辑、智能公式完成，以及拖放支持，此外，在 Tableau Server 和 Tableau Online 中编辑视图时也可以使用编辑器。

1. 创建计算分解 - 运算符

Step 01：单击数据窗口空白处，在插入菜单中选择"创建计算字段"命令，如图 5-1-12 所示。在菜单项中选择"创建"→"计算分段"命令，同样可以进行计算分段的创建，如图 5-1-13 所示。

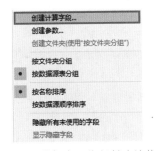

■ 图 5-1-12 数据窗口执行创建计算字段命令　　■ 图 5-1-13 菜单项执行创建计算字段命令

Step 02：（此步骤已经在上一章中完成，无须操作。）以之前章节的计算插入为例，输入 [装运日期]–[订购日期]，并修改名称为"发货日期"，即可生成计算分区"发货日期"；该计算返回数字，所以新细分显示在数据窗口的尺寸区域中，我们可以像使用其他任何细分一样使用该新细分，如图 5-1-14 所示。

■ 图 5-1-14 使用运算符创建发货日期计算字段

2. 创建计算分解 – 逻辑函数

以甘特图为例，我们已经将创建的计算分区"调度周期"用于"2015 年 8 月该全球大型超市向中国境内的调度情况"甘特图，并将其合并方式以颜色的表现形式呈现在图中，从业务角度来讲，通常会关注某单订单是否在规定期限内发出，并希望在图中观察到此信息，此时利用逻辑函数创建一个新的计算初始，来表示任何订单是否过期交付。

考虑到不同订单有不同的"投放方式"，因此基于一定的业务理解，人为规定：

① 若以"当日"等级，则发布周期等于 0 天，否则视为逾期；

② 若以"一级"等级，则发布周期等于 2 天，否则视为逾期；

③ 若以"二级"等级，则发布周期等于 3 天，否则视为逾期；

④ 若以"标准级"等级，则发布周期等于 5 天，否则视为逾期。

据此，可进行分解创造的操作。

Step 01：右击数据空白处，在弹出的快捷菜单中选择"创建计算长度"命令；利用 IF 函数，测试长度表达式，返回第一个表达式为真的 THEN 值；单击"确定"按钮后，在数据窗口的维度窗口中生成了新的计算分区"是否逾期发货"，如图 5-1-15 所示。

■ 图 5-1-15　使用逻辑函数创建是否逾期发货计算字段

回顾图 5-1-16 所示的基本甘特图。

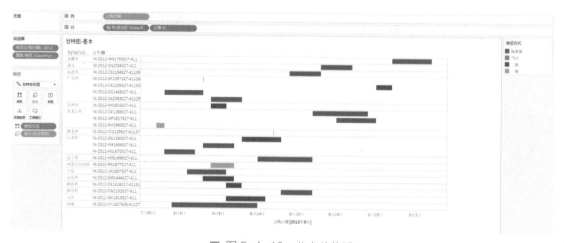

■ 图 5-1-16　基本甘特图

Step 02：将计算分解"是否逾期发货"拖至该标记卡中颜色按钮处，得到图 5-1-17 所示 2012 年各地是否逾期发货甘特图。

■ 图 5-1-17　2012 年各地是否逾期发货甘特图

观察整个视图可知，右侧图例表示计算分区"是否已逾期发货"，蓝色代表"延误"，橙色代表"准时"，正是在计算分解中利用逻辑函数标记出来的两个文本值；纵观甘特图，该全球大型超市在当月中延误的订单信息一览无余；利用创建计算片段的方法基于数据源中一些现有的分区来创建未知的分段，经常是发现数据中商业视野和商业价值的手段之一。

思考和练习

1. Tableau 表计算都有哪些计算？
2. 创建 Tableau 计算字段时需要注意什么？
3. Tableau 中的计算编辑器可提供＿＿＿＿＿、＿＿＿＿＿，以及＿＿＿＿＿，此外，在＿＿＿＿＿和＿＿＿＿＿中编辑视图时也可以使用编辑器。

知识拓展

表计算：表计算是针对数据库中多行数据进行计算的方式。当创建表计算后，在标记卡、行列功能区内，计算字段就会有正三角标记。

表计算函数针对度量使用"分区"和"寻址"进行计算，这些计算依赖于表结构本身。在编辑公式时，表计算函数需要明确计算对象和使用的计算类型。而最需要注意的是，在使用表计算时必须使用聚合数据。

计算字段：计算字段是根据数据源字段（包括维度、度量、参数等）使用函数和运算符构造公式来定义的字段。同其他字段一样，计算字段也能拖放到各功能区来构建视图，还能用于创建新的计算字段，而且其返回值也有数值型、字符型等的区分。

计算字段的创建界面包括了输入窗口和函数窗口。

在输入窗口中，可输入计算公式，包括运算符、计算字段和函数。其中，运算符支持加＋、减（－）、乘（＊）、除（/）等标准运算符。字符、数字、日期/时间、集、参数等字段均可作为计算字段，Tableau 的自动填写功能会自动提示可使用计算的字段或函数。

函数窗口为 Tableau 自带的计算函数列表，包括数字、字符串、日期、类型转换、逻辑、聚合以及表计算等，双击该函数即可在"输入窗口"中出现，也可在"输入窗口"中自动补全。

任务二　常用函数与参数

常用函数与参数

◎ 学习目标

◆熟悉 Tableau 的常用函数。
◆能使用 Tableau 的常用函数。

◎ 任务分析

Tableau 包含丰富的函数，包括数学函数、字符串函数、日期函数、类型函数、逻辑函数等。接下来让我们一起学习一下吧。

◎ 任务实施

一、数学函数

数学函数允许用户对字段中的数据值执行运算。字段函数只能用于包含数字值的字段。表 5-2-1 为 Tableau 中可用的数字函数列表（更新至 Tableau 10.5）。

表 5-2-1　常用数字函数描述表

数字函数	描　述
ABS	返回给定数字的绝对值。例如，ABS(-10)=10
ACOS	返回给定数字的反余弦。结果以弧度表示
ASIN	返回给定数字的反正弦。结果以弧度表示
ATAN	返回给定数字的反正切。结果以弧度表示
ATAN2	返回两个给定数字（x 和 y）的反正切。结果以弧度表示
CEILING	将数字舍入为值相等或更大的最近整数
COS	返回角度的余弦。以弧度为单位指定角度
COT	返回角度的余切。以弧度为单位指定角度

续表

数字函数	描　述
DEGREES	将以弧度表示的给定数字转换为度数
DIV	返回将整数 1 除以整数 2 的除法运算的整数部分
EXP	返回 e 的给定数字次幂
FLOOR	将数字舍入为值相等或更小的最近整数
HEXBINX	将 x、y 坐标映射到最接近的六边形数据桶的 x 坐标
HEXBINY	将 x、y 坐标映射到最接近的六边形数据桶的 y 坐标
LN	返回数字的自然对数
LOG	返回数字以给定底数为底的对数
MAX	返回两个参数（必须为相同类型）中的较大值
MIN	返回两个参数（必须为相同类型）中的较小值
PI	返回数字常量 pi：3.14159
POWER	计算数字的指定次幂
RADIANS	将给定数字从度数转换为弧度
ROUND	将数字舍入为指定位数
SIGN	返回数字的符号
SIN	返回角度的正弦。以弧度为单位指定角度
SQRT	返回数字的平方根
SQUARE	返回数字的平方
TAN	返回角度的正切。以弧度为单位指定角度
ZN	如果表达式不为 Null，则返回该表达式，否则返回零。使用此函数可使用零值而不是 Null

实例：ZN 函数。

ZN(expression)：如果表达式不为 Null，则返回该表达式，否则返回零。使用此函数可使用零值而不是 Null 值。

Step 01：在左侧数据窗口中，右击维度"邮政编码"，在弹出的快捷菜单中选择"更改数据类型"→"数字（整数）"命令，如图 5-2-1 所示。

Step 02：右击左侧数据窗口空白处，在弹出的快捷菜单中选择"创建计算字段"命令，在弹出的窗口中输入图 5-2-2 所示信息，生成计算字段 ZN。

Step 03：将维度"邮政编码"拖至行功能区，将计算字段"ZN"拖至标记卡中标签按钮处，并修改聚合方式为"平均值"，则得到如下视图，

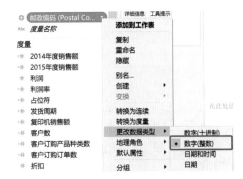

■ 图 5-2-1　执行更改数据类型
[数字（整数）]命令

观察到维度"邮政编码"为空的行，对应 ZN 的值为 0，其余均与 ZN 的平均值相等。ZN 函数处理数据缺失结果如图 5-2-3 所示。

■ 图 5-2-2　创建 ZN 计算字段　　　　■ 图 5-2-3　ZN 函数处理数据
缺失结果

二、字符串函数

字符串函数允许用户操作字符串数据（即由文本组成的数据）。表 5-2-2 为 Tableau 中可用的字符串函数列表（更新至 Tableau 10.5）。

表 5-2-2　常用字符串函数描述表

字符串函数	描　　述
ASCII	返回字符串的第一个字符的 ASCII 代码
CHAR	返回通过 ASCII 代码编码的字符
CONTAINS	如果给定字符串包含指定子字符串，则返回 true
ENDSWITH	如果给定字符串以指定子字符串结尾，则返回 true
FIND	返回字符串中子字符串的索引位置，如果未找到子字符串，则返回 0
FINDNTH	返回指定字符串内的第 n 个子字符串的位置，其中 n 由 occurrence 参数定义
LEFT	返回字符串最左侧一定数量的字符
LEN	返回字符串的字符长度
LOWER	返回字符串，其所有字符为小写
LTRIM	返回移除了所有前导空格的字符串
MAX	对于字符串，MAX 查找数据库为该列定义的排序序列中的最高值
MID	返回从索引位置开始的字符串。字符串中第一个字符的位置为 1。如果添加了可选参数 length，则返回的字符串仅包含该数量的字符
MIN	对于字符串，MIN 查找排序序列中的最低值
REPLACE	在字符串中搜索子字符串，并将其替换为替代子字符串
RIGHT	返回字符串最右侧一定数量的字符
RTRIM	返回移除了所有尾随空格的字符串
SPACE	返回由指定数量的重复空格组成的字符串
SPLIT	返回字符串中的一个子字符串，并使用分隔符字符将字符串分为一系列标记
STARTSWITH	如果字符串以子字符串开头，则返回 true。会忽略前导空格
TRIM	返回移除了前导和尾随空格的字符串
UPPER	返回字符串，其所有字符为大写

实例：RIGHT 函数。

RIGHT(string, number)：返回 string 中最右侧一定数量的字符。

Step 01：右击左侧数据窗口空白处，在弹出的快捷菜单中选择"创建计算字段"命令，输入图 5-2-4 所示内容，生成计算字段"RIGHT"。

Step 02：将维度"订单 ID"和计算字段"RIGHT"拖至行功能区，得到如下视图；取得了订单号最右侧的五位订单尾号。图 5-2-5 所示展示了 RIGHT 函数返回指定字符结果。

■ 图 5-2-4　创建 RIGHT 计算字段　　　　■ 图 5-2-5　展示 RIGHT 函数返回
　　　　　　　　　　　　　　　　　　　　　　　　　　　　　指定字符结果

三、日期函数

日期函数允许用户对数据源中的日期进行操作。表 5-2-3 所示为 Tableau 中可用的日期函数列表（更新至 Tableau 10.5）。

表 5-2-3　日期函数描述表

日 期 函 数	描　　述
DATEADD	返回指定日期，该日期的 date_part 中添加了指定的数字间隔
DATEDIFF	返回 date1 与 date2 之差（以 date_part 的单位表示）
DATENAME	以字符串形式返回日期的 date_part
DATEPART	以整数形式返回日期的 date_part
DATETRUNC	按 date_part 指定的准确度截断指定日期
DAY	以整数的形式返回给定日期的天
ISDATE	如果给定字符串为有效日期，则返回 true
MAKEDATE	返回一个依据指定年份、月份和日期构造的日期值
MAKEDATETIME	返回合并了日期和时间的日期时间
MAKETIME	返回一个依据指定小时、分钟和秒构造的日期值
MAX	返回日期 a 和 b 中的最大日期
MIN	返回日期 a 和 b 中的最小日期
MONTH	以整数的形式返回给定日期的月份
NOW	返回当前日期和时间
TODAY	返回当前日期
YEAR	以整数的形式返回给定日期的年份

实例：DATEADD 函数。

DATEADD(date_part, interval, date)：返回指定日期，该日期的 date_part 中添加了指定的数字 interval。

Step 01：右击左侧数据窗口空白处，在弹出的快捷菜单中选择"创建计算字段"命令，输入图 5-2-6 所示内容，生成计算字段"DATEADD"。

Step 02：将维度"订购日期"和计算字段"DATEADD"拖至行功能区，调整日期格式为"年 / 月"，得到图 5-2-7 所示视图；利用 DATEADD 函数对订购日期进行了自定义处理。图 5-2-7 所示展示了 DATEADD 函数指定月份 +2 后返回日期的结果。

■ 图 5-2-6　创建 DATEADD 计算字段　　　　■ 图 5-2-7　展示 DATEADD 函数
指定月份 +2 后返回日期的结果

Tableau 提供了多种日期函数，许多日期函数使用 date_part，它是一个常量字符串参数，其中可以使用的有效 date_part 值列表如表 5-2-4 所示。

表 5-2-4　date_part 有效值列表

date_part	值
'year'	四位数年份
'quarter'	1~4
'month'	1~12 或 'January"、'February" 等
'dayofyear'	一年中的第几天；1 月 1 日为 1、2 月 1 日为 32，依此类推
'day'	1~31
'weekday'	1~7 或 'Sunday'、'Monday' 等
'week'	1~52
'hour'	0~23
'minute'	0~59
'second'	0~60

四、类型转换函数

类型转换函数允许用户将字段从一种数据类型转换为另一种数据类型。例如，用户可以将数字转换为字符串，比如将年龄值（数字）转换为字符串值，以便 Tableau 不聚合它们。表 5-2-5 所示为 Tableau 中可用的类型转换函数列表（更新至 Tableau 10.5）。

表 5-2-5 类型转换函数描述表

类型转换函数	描述
DATE	在给定数字、字符串或日期表达式的情况下返回日期
DATETIME	在给定数字、字符串或日期表达式的情况下返回日期和时间
FLOAT	返回浮点数
INT	返回整数。对于表达式，此函数将结果截断为最接近于 0 的整数
MAKEDATE	返回一个由年、月和日构造的日期值
MAKEDATETIME	在给定日期表达式和时间表达式的情况下返回日期和时间值
MAKETIME	返回一个由小时数、分钟数和秒数构造的时间值
STR	返回字符串

实例： STR 函数。

STR(expression)：将其参数转换为字符串。

Step 01：右击左侧数据窗口空白处，在弹出的快捷菜单中选择"创建计算字段"命令，输入图 5-2-8 所示内容，生成计算字段"STR"。

Step 02：将维度"订购日期"和计算字段"STR"拖至行功能区，调整字段订购日期的日期格式为"年 / 月"，得到图 5-2-9 所示视图；利用 STR 函数将订购日期转换成了字符型。

■ 图 5-2-8 创建 STR 计算字段

■ 图 5-2-9 展示 STR 函数将参数转换为字符串结果

五、聚合函数

聚合函数允许用户进行汇总或更改数据的粒度。例如，用户可能想要准确知道某全球超市在特定年度有多少订单。则可以使用 COUNTD 函数对该全球大型超市具有的准确订单数进行汇总，然后按年对可视化项进行细分。表 5-2-6 所示为 Tableau 中可用的聚合函数列表（更新至 Tableau 10.5）。

表 5-2-6 聚合函数描述表

聚合函数	描述
ATTR	如果它的所有行都有一个值，则返回该表达式的值。否则返回星号
AVG	返回表达式中所有值的平均值
COLLECT	对参数字段中的值进行合并的聚合计算。只能用于空间字段

续表

聚 合 函 数	描　　述
CORR	返回两个表达式的皮尔森相关系数
COUNT	返回组中的项目数
COUNTD	返回组中不同项目的数量
COVAR	返回两个表达式的样本协方差
COVARP	返回两个表达式的总体协方差
MAX	返回表达式在所有记录中的最大值
MEDIAN	返回表达式在所有记录中的中位数
MIN	返回表达式在所有记录中的最小值
PERCENTILE	从给定表达式返回与指定数字对应的百分位处的值
STDEV	基于群体样本返回给定表达式中所有值的统计标准差
STDEVP	基于有偏差群体返回给定表达式中所有值的统计标准差
SUM	返回表达式中所有值的总计
VAR	基于群体样本返回给定表达式中所有值的统计方差
VARP	对整个群体返回给定表达式中所有值的统计方差

实例：COUNTD 函数。

COUNTD(expression)：返回组中不同项目的数量，不对 Null 值计数。

Step 01：右击左侧数据窗口空白处，在弹出的快捷菜单中选择"创建计算字段"命令，输入图 5-2-10 所示内容，生成计算字段"COUNTD"。

Step 02：将计算字段"COUNTD"拖至空白视图中部，出现带有"智能显示"字样时释放鼠标。

Step 03：将度量"记录数"拖至视图中部，出现带有"智能显示"字样时释放鼠标，得到图 5-2-11 所示结果。利用 COUNTD 函数将所有数据中不同客户号进行了统计计数。

■ 图 5-2-10　创建 COUNTD 计算字段　　　　■ 图 5-2-11　展示 COUNTD 函数返回

组中不同项目的数量结果

适用于聚合计算的规则如下：

任何聚合计算中不得同时包括聚合值和解聚值。例如，SUM(销售额)*[数量] 不是有效的表达式，因为 SUM(销售额) 已聚合，而 [数量] 则没有。不过，SUM(销售额 * 数量) 和 SUM(销售额)*SUM(数量) 均有效。

表达式中的常量可根据情况充当聚合值或解聚值。例如：SUM(销售额 *7) 和 SUM(销售额)*7 均为有效的表达式。

所有函数都可用聚合值进行计算。但是，任何给定函数的参数必须或者全部聚合，或者全部解聚。例如：MAX(SUM(销售额), 利润) 不是有效的表达式，因为 [销售额] 已聚合，而 [利润] 则没有。不过，MAX(SUM(销售额),SUM(利润)) 为有效的表达式。

聚合计算的结果始终为度量。

六、逻辑函数

逻辑计算允许用户确定某个特定条件为真还是假（布尔逻辑），利用完整的逻辑函数表达式可以辅助用户多角度的分析。表 5-2-7 所示为部分常用逻辑函数表达式列表。

表 5-2-7　逻辑函数描述表

逻 辑 函 数	描　　述
CASE	使用 CASE 函数执行逻辑测试并返回合适值。CASE 比 IIF 或 IF THEN ELSE 结构、形式等更为便捷
IIF	使用 IIF 函数执行逻辑测试并返回合适值。第一个参数 test 必须是布尔值：数据源中的布尔字段或使用运算符的逻辑表达式的结果（或 AND、OR 或 NOT 的逻辑比较）。如果 test 计算为 TRUE，则 IIF 返回 then 值。如果 test 计算为 FALSE，则 IIF 返回 else 值
IF	使用 IF THEN ELSE 函数执行逻辑测试并返回合适值。IF THEN ELSE 函数计算一系列测试条件并返回第一个 true 条件的值。如果没有条件为 true，则返回 ELSE 值。每个测试都必须为布尔值：可以为数据源中的布尔字段或为逻辑表达式的结果。最后一个 ELSE 是可选的，但是如果未提供它并且没有任何 true 测试表达式，则函数返回 Null。所有表达式值都必须为相同类型
ISDATE	如果字符串参数可以转换为日期，则 ISDATE 函数返回 TRUE，否则返回 FALSE
ISNULL	如果表达式为 Null，则 ISNULL 函数返回 TRUE，否则返回 FALSE

实例：IIF 函数。

IIF(test, then, else, [unknown])：检查某个条件是否得到满足，如果为 TRUE 则返回一个值，如果为 FALSE 则返回另一个值，如果未知，则返回可选的第三个值或 NULL。

Step 01：右击左侧数据窗口空白处，在弹出的快捷菜单中选择"创建计算字段"命令，输入图 5-2-12 所示内容，生成计算字段"IIF"。

Step 02：将维度"类别"和计算字段"IIF"拖至行功能区，将度量"销售额"拖至标记卡标签按钮处，可得到图 5-2-13 所示视图；利用 IIF 函数将类别仅划分成两大类。如图 5-2-13 所示使用 IIF 函数执行逻辑测试并返回合适值结果。

■ 图 5-2-12　创建 IIF 计算字段

■ 图 5-2-13　使用 IIF 函数执行逻辑测试并返回合适值结果

七、特殊函数：详细级别表达式

在 Tableau 中，可以通过将数据拖到视图的部分区域来实现不同明细程度的聚合与可视化展示。这些视图区域包括行功能区、列功能区，以及标记卡中的颜色、大小、标签、详细信息及路径。如果分析过程中需要添加某一维度，其明细程度高于或低于已有视图的可视化明细程度，但又不希望改变现有图形展示内容，可以采用详细级别表达式功能（Tableau 9.0 版本后支持）。通过它无须将这些维度拖入已有视图中，即可将时间独立于可视化详细级别，自定义数据的详细级别进行计算。

详细级别表达式共有 3 种函数，分别是 INCLUDE、EXCLUDE、FIXED，每种函数可实现不同明细程度的聚合。其中 INCLUDE 函数可用于创建明细程度高于可视化展示内容的计算字段，EXCLUDE 函数可用于创建明细程度低于可视化展示内容的计算字段，FIXED 函数的应用不受可视化明细程度的限制，可用于创建指定明细程度的计算字段，其计算结果比可视化展示内容明细程度更高或更低。

FIXED 详细级别表达式可能会生成度量或维度，具体情况视聚合表达式中的基础字段而定。INCLUDE 和 EXCLUDE 详细级别表达式始终是度量。

详细级别表达式具有以下结构 {[FIXED | INCLUDE | EXCLUDE] < 维度声明 > : < 聚合表达式 >}，该表达式对于各种用例非常有用，其中包括：群组分析 – 比较不同子组的数据、跨细分市场的合计或平均值、聚合的聚合、分桶聚合等。

实例：INCLUDE 函数。

除了视图中的任何维度之外，INCLUDE 详细级别表达式还将使用指定的维度计算值。

如果用户想要在数据库中以精细详细级别计算，然后重新聚合并在视图中以粗略详细级别显示，则 INCLUDE 详细级别表达式可能非常有用。当用户在视图中添加或移除维度时，基于 INCLUDE 详细级别表达式的字段将随之更改。

以 "该全球大型超市数据" 为例，如果想了解哪个市场平均的客户销售额最大，需要计算出每个客户的销售额后再按所属市场区域计算平均值。可以接触详细级别表达式，轻松解决该问题。以下 INCLUDE 详细级别表达式计算每个客户的总销售额：{ INCLUDE [客户名称] : SUM([销售额]) }。

Step 01：创建计算字段 "客户销售额"，输入公式 { INCLUDE [客户名称]: SUM([销售额])}，如图 5-2-14 所示。

■ 图 5-2-14　创建客户销售额计算字段

Step 02：将维度 "市场" 拖至行功能区，将度量 "销售额" 和计算字段 "客户销售额" 拖至列功能区，并修改聚合方式为 "平均值"。图 5-2-15 所示为地区销售总额平均值与客户销售额平均值。

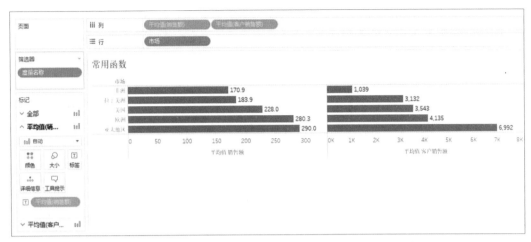

■ 图 5-2-15 地区销售总额平均值与客户销售额平均值

从图 5-2-15 可以看出，左侧条形图表示各市场的平均销售额（按照数据源的明细行项目，即该全球超市产品销售记录进行平均值）；而右侧条形图表示各市场平均的客户销售额（通过详细级别表达式计算得出）。

实例：EXCLUDE 函数。

EXCLUDE 详细级别表达式声明要从视图详细级别中忽略的维度。

EXCLUDE 详细级别表达式无法在行级别表达式（其中没有要忽略的维度）中使用，但可用于修改视图级别计算或中间的任何内容（也就是说，用户可以使用 EXCLUDE 计算从某些其他详细级别表达式中移除维度）。

以"该全球大型超市数据"为例，如果想了解每个市场 2015 年每月的总销售额，并用颜色表现明细程度较粗略的一层信息。则利用以下详细级别表达式从 [销售额] 的总和计算中排除 [市场]：{EXCLUDE [市场]: SUM([销售额])}。

如图 5-2-16 所示创建计算字段"排除市场"，输入公式 { EXCLUDE [市场]: SUM([销售额]) }。

■ 图 5-2-16 创建计算字段"排除市场"

Step 01：将标记卡中标记类型设置为"条形图"。

Step 02：将维度"市场"以及度量"销售额"拖至列功能区。

Step 03：将维度"订购日期"拖至筛选器卡中，仅选择"2015 年"。

Step 04：将维度"订购日期"拖至行功能区，并修改日期格式为"月"。

Step 05：将度量"销售额"拖至标签卡中标签按钮处，并修改格式为一位小数、以千为单位的美元货币格式。

Step 06：将详细级别表达式字段"排除市场"拖至标记卡中颜色按钮处。2015 年每个月各个市场的销售额条形图如图 5-2-17 所示。

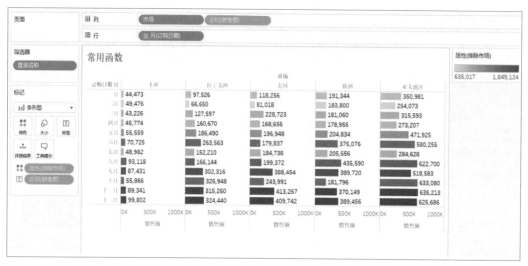

■ 图 5-2-17　2015 年每个月各个市场的销售额条形图

从图 5-2-17 中可以看出，每月的总销售额（以条形图的颜色表示）依据 EXCLUDE 函数计算得出，按市场计算的销售额为源数据的简单聚合，实现了在同一可视化视图中展示了两种不同的明细程度。

实例：FIXED 函数。

FIXED 详细级别表达式使用指定的维度计算值，而不引用视图中的维度。

以"该全球大型超市数据"为例，创建一个"市场销售额"的计算字段，以下详细级别表达式固定该字段计算各大市场的销售总额：{ FIXED [市场]: SUM([销售额]) }。

如图 5-2-18 所示创建计算字段"市场销售额"，输入公式 { FIXED [市场]: SUM([销售额]) }。

■ 图 5-2-18　创建计算字段"市场销售额"

Step 01：将维度"订购日期"拖至筛选器卡中，仅选择"2015 年"。

Step 02：将维度"订购日期"拖至列功能区，并修改日期格式为"月"。

Step 03：将维度"市场"以及"细分市场"拖至行功能区。

Step 04：将详细级别表达式字段"市场销售额"拖至标记卡中标签按钮处。2015 年各市场及细分市场下每月市场销售额如图 5-2-19 所示。

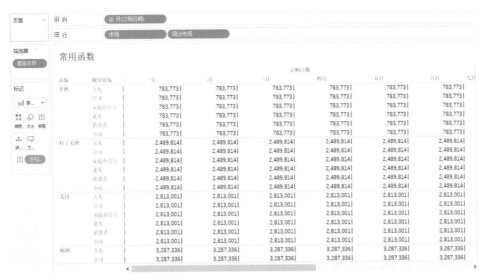

■ 图 5-2-19　2015 年各市场及细分市场下每月市场销售额

从图 5-2-19 中可以看出，无论从何种维度将数据展开，视图中显示的销售额数值都是基于各大市场的销售总额；借助该表达式，可以将度量值聚合到指定的维度而不引用视图中其他的维度。

思考和练习

1. Tableau 常用函数在什么情况下使用？

2. 数学函数允许用户对字段中的＿＿＿＿＿执行运算。

3. 字符串函数允许用户操作＿＿＿＿＿。

4. 日期函数允许用户对数据源中的＿＿＿＿＿进行操作。

5. 类型转换函数允许用户将＿＿＿＿＿从一种数据类型转换为另一种数据类型。

6. 聚合函数允许用户进行＿＿＿＿＿或更改数据的＿＿＿＿＿。

7. 逻辑计算允许用户确定某个特定条件为＿＿＿＿＿还是＿＿＿＿＿（布尔逻辑），利用完整的逻辑函数表达式可以辅助用户＿＿＿＿＿的分析。

8. 在 Tableau 中，可以通过将数据拖到视图的部分区域来实现不同明细程度的＿＿＿＿＿与＿＿＿＿＿。

知识拓展

Tableau 函数除了以上七种外，还有直通函数、用户函数、表计算函数以及其他函数，包括模式匹配的特定函数、Hadoop Hive 的特定函数等。

任务三　参数的创建和使用

参数的创建和使用

◎ 学习目标

◆ 了解 Tableau 的参数。
◆ 能使用 Tableau 的参数。

◎ 任务分析

本任务要讲解的知识点有四类，第一类为在数据窗口中创建"销售总额百分比参数"；第二类为在使用计算集时创建参数 N；第三类为基于参数"销售总额百分比参数"的完整帕累托图；第四类为基于参数 N 的交互控制。接下来让我们一起学习一下吧。

◎ 任务实施

参数的创建方式有多种，但总体来说归纳为两类：直接在数据窗口中创建；在使用计算集、计算字段、参考线及其他功能时创建。

一、在数据窗口中创建参数"销售总额百分比参数"

（该参数已在之前章节中创建，此处仅观察即可。）右击左侧数据窗口空白处，在弹出的快捷菜单中选择"创建参数"命令。

在弹出的参数窗口中输入图 5-3-1 所示信息，单击"确定"按钮，"销售总额百分比参数"就会显示在数据窗口中。

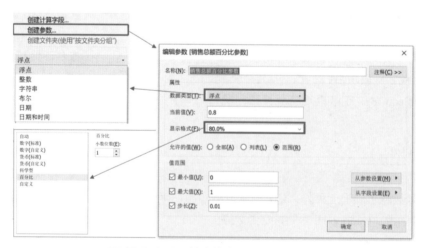

■ 图 5-3-1　创建销售总额百分比参数

对于参数窗口控件的解释如下：

① 名称：输入想设置的参数名称，如"销售总额百分比参数"。

② 数据类型：用于指定参数将接受的值的数据类型。

③ 当前值：用于指定参数的默认值。

④ 显示格式：用于指定参数控件中数值的显示格式。

⑤ 允许的值：用于指定参数接受值的方式。包括三种类型："全部"表示参数可调整为任意值。"列表"表示参数设置为列表内的值，可通过手动输入、从字段添加或从剪切板粘贴。"范围"表示参数可在指定范围内进行调整，可设置最小值、最大值和每次调整的步长，也可从参数设置或从字段设置。

二、在使用计算集时创建参数 N

在左侧数据窗口，右击维度"国家 / 地区（Country）"，在弹出的快捷菜单中选择"创建"→"集"命令，如图 5-3-2 所示。

Step 01：在弹出的创建集窗口中，选择"顶部"选项卡，输入"名称"为"利润额 TOP N 国家"，在"按字段"部分，单击"10"下拉按钮，选择"创建新参数"，如图 5-3-3 所示。

■ 图 5-3-2　执行创建集命令

Step 02：在弹出的编辑参数窗口中，输入名称为"N"，保持数据类型为"整数"，设置当前值为"10"，并设置允许的值为范围，将最小值设置为"1"，最大值设置为"100"，步长为"1"，单击"确定"按钮，如图 5-3-4 所示。

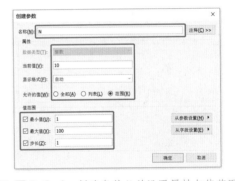

■ 图 5-3-3　创建集"利润额 TOP N 国家"　　■ 图 5-3-4　创建参数 N 并设置属性与值范围

Step 03：自动返回计算集窗口，已将按字段筛选顶部设置为"N"，单击"确定"按钮；即生成了集字段"利润额 TOP N 国家"，如图 5-3-5 所示。

■ 图 5-3-5　设置集"利润额 TOP N 国家"的字段依据为参数"N"

三、使用参数

基于参数"销售总额百分比参数"的完整帕累托图。

Step 01：项目 4 任务 3 组合图 - 帕累托图如图 5-3-6 所示。

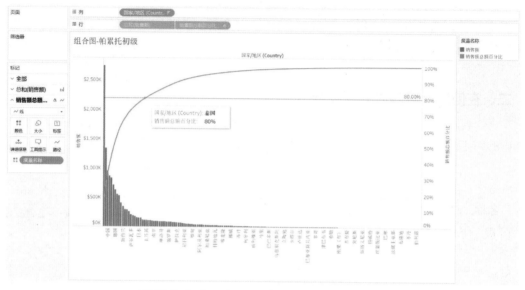

■ 图 5-3-6　项目 4 任务 3 组合图－帕累托图

Step 02：右击左侧数据窗口空白处，在弹出的快捷菜单中选择"创建计算字段"命令，输入图 5-3-7 所示公式，生成计算字段"%"，如图 5-3-7 所示。函数 INDEX() 用于返回当前行的索引，SIZE() 用于返回分区的行数，此公式表明某维度占总数的百分比。

■ 图 5-3-7　创建"%"计算字段

Step 03：在左侧数据窗口中，将维度"客户 ID"拖至全部标记卡中的详细信息按钮处；并对其进行排序，设置排序顺序为"降序"，按字段"销售额"的"总计"聚合方式，单击"确定"按钮，如图 5-3-8 所示。

Step 04：将列功能区的维度"国家 / 地区（Country）"移除，拖动计算字段"%"至列功能区，并修改计算依据为"客户 ID"，如图 5-3-9 所示。

Step 05：在行功能区中，右击度量"销售额总额百分比"或单击其右侧小三角，在下拉菜单中选择"计算依据"，修改为"客户 ID"，如图 5-3-10 所示。

Step 06：利用参数"销售总额百分比参数"创建计算字段，输入逻辑函数，生成字段"横轴参考线"，如图 5-3-11 所示。（参数在计算字段编辑窗口中显示为紫色）。

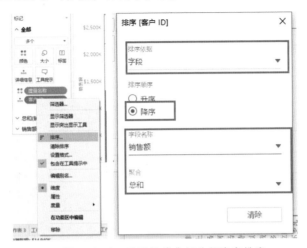

■ 图 5-3-8　设置按销售额总额降序排序

■ 图 5-3-9　修改计算字段"%"的计算依据

■ 图 5-3-10　设置"销售额总额百分比"的计算依据

■ 图 5-3-11　创建横轴参考线计算字段

Step 07：将计算字段"横轴参考线"拖至全部标记卡中详细信息按钮处。

Step 08：右击视图中的横轴，在弹出的快捷菜单中选择"添加参考线"命令，如图 5-3-12 所示。

Step 09：在弹出的窗口中，选择"线"选项，设置值为"横轴参考线"，取"最大值"，并将标签设置为"值",单击"确定"按钮,如图 5-3-13 所示。

Step 10:在标记卡中将"横轴参考线"的格式设置为一位小数的百分比,则可得到图 5-3-14 所示的完整帕累托图。

■ 图 5-3-12 为横轴执行添加参考线命令

■ 图 5-3-13 设置参考线的值和标签

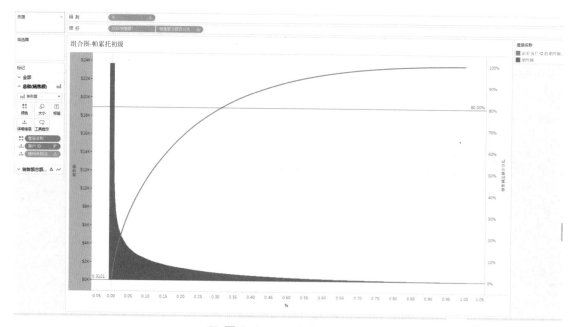

■ 图 5-3-14 完整帕累托图

利用计算字段与参数的结合,将完整的帕累托图呈现在视图当中。通过此帕累托图可得知,该全球超市的 80% 销售额来自 32.4% 的客户;从市场战略性角度而言,可适当使市场营销更具有针对性,提高对前 20% 客户的营销倾向性。同样可以绘制基于利润的帕累托图,了解该全球大型超市的利润组成,结合销售额的帕累托图进行综合性考虑与分析,优化市场战略。

四、基于参数 N 的交互控制

Step 01：创建一页新工作表，重命名为"交互控制"。

Step 02：在标记卡中将标记类型设置为"条形图"。

Step 03：从左侧数据窗口中，将利用参数创建的集"利润额 TOP N 国家"拖至筛选器卡中。

Step 04：从左侧数据窗口中，将维度"国家 / 地区（Country）"拖至行功能区。

Step 05：从左侧数据窗口中，将度量"利润"拖至列功能区。

Step 06：从左侧数据窗口中，将度量"利润"拖至标记卡中标签按钮处，并设置格式为一位小数、以千为单位的美元货币格式。

Step 07：将行功能区中的维度"国家 / 地区（Country）"按"利润额"的"总计"聚合方式"降序"排序，如图 5-3-15 所示。

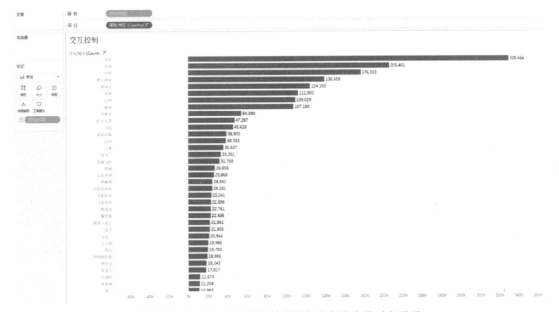

■ 图 5-3-15　各个国家按利润额总额降序排列条形图

Step 08：在左侧数据窗口的下部参数窗口中，右击参数"N"，在弹出的快捷菜单中选择"显示参数控件"命令，则在视图右上侧出现参数控件；单击该控件右上侧小三角可自定义多种选项。图 5-3-16 所示为对参数"N"执行显示参数控件命令。

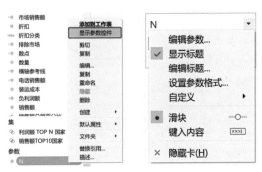

■ 图 5-3-16　对参数"N"执行显示参数控件命令

Step 09：通过拖动参数控件中的滑块或单击左右箭头，实现修改参数的目的；如向右滑动滑块，使得值为"16"，则视图中展示的内容将变为利润额前十六的国家。如图 5-3-17 所示只显示利润额前十的国家；如图 5-3-18 所示只显示利润额前十六的国家。

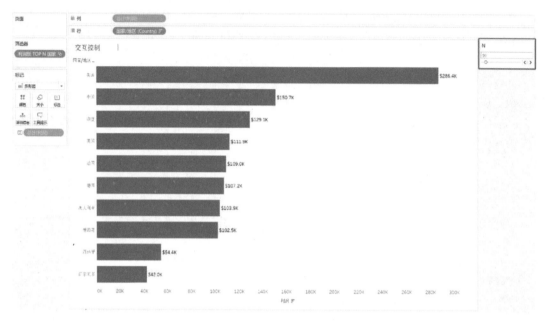

■ 图 5-3-17　显示利润额前十的国家

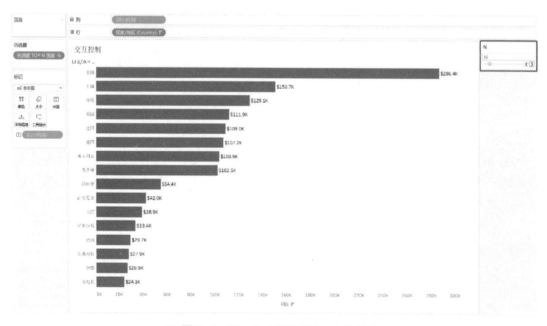

■ 图 5-3-18　显示利润额前十六的国家

思考和练习

1. Tableau 绘图为什么需要参数？
2. 参数的创建方式有多种，但总体来说归纳为两类：直接在_____中创建；在使用_____、_____、_____及其他功能时创建。

 知识拓展

参数是一种可用于交互的动态值。Tableau 在数据窗口底部显示参数，并使用图标"#"作为标签。参数是由用户自定义的动态值，是实现控制与交互的最常见、最方便的方法，被广泛地运用在可动态交互的字段（计算集、自定义计算字段等）、筛选器及参考线（包括参考区间等），分析人员可以轻松地通过控制参数与工作表视图进行交互。通过参数控件，可以调整其他字段，进而控制工作表视图。参数在工作簿中是全局对象，可在任何工作表中单独使用，也可同时应用于多个工作表视图。

项目归纳与小结

阿洪："本项目学习并复习了表计算、计算字段的创建及使用、常用函数的使用和参数的创建及使用。计算的方法交给你了，还有很多函数可以加快你对数据参数的计算处理，就要靠你自己学习了。"

小娅："谢谢前辈，我马上去处理今天的数据参数。"

实操演练

本项目以超市销售数据为依托进行了表计算、计算字段的创建及使用、常用函数的使用和参数的创建及使用的学习。下面以在项目二、项目三、项目四中制作的图表为依据，请完成以下操作：

1. 通过改变或添加图表中的参数或计算字段，使图表达到更合理的新功能，其中至少运用到一个常用函数。
2. 对修改后的图表进行美化处理（结果参考图 5-3-19）。

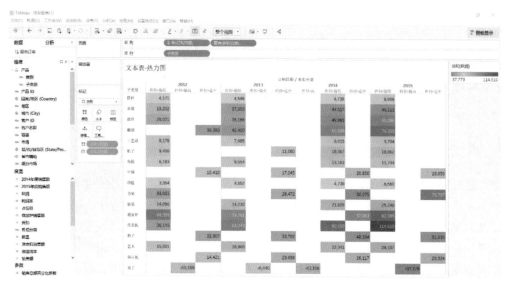

■ 图 5-3-19　参考图

项目评价

项目实训评价			
评价项目	评　价		
	完全实现	基本实现	继续学习
任务 1　表计算与计算字段			
学习目标　使用 Tableau 的表计算 能灵活运用 Tableau 进行表计算			
使用 Tableau 的创建计算字段 能灵活运用 Tableau 创建计算字段			
任务 2　常用函数与参数			
学习目标　熟悉 Tableau 的常见函数 能概述 Tableau 的常见函数			
使用 Tableau 的常见函数 能灵活运用 Tableau 的常见函数			
任务 3　参数的创建和使用			
学习目标　了解 Tableau 的参数 能概述 Tableau 的参数			
使用 Tableau 的参数 能灵活运用 Tableau 的参数			

项目六

进阶

——用 Tableau 讲 "故事"

阿洪："小娅，领导觉得你的图表做得不错，内容也很清晰，决定明天的演示讲解就由你负责了，要好好把握哦。今天教你如何使用 Tableau 展示这些图表并加入交互吧。"

小娅："好的，前辈。我会加倍认真学习今天的内容。"

任务一　Tableau 的 "仪表板" （一）

Tableau 的 "仪表板"
（一）

 学习目标

◆能使用 Tableau 仪表板。

◆能创建布局。

 任务分析

本任务主要讲解仪表盘及创建布局的操作。Tableau 仪表板是显示在单一位置的多个工作表、图形和支持信息的集合，便于同时比较和监视各种数据，同时还可以在仪表板上添加筛选器、突出显示等操作，实现关联数据的交互分析和展示，对于 Tableau 来说是非常重要的。接下来让我们学习一下吧。

任务实施

单击上方功能栏中的仪表板，新建仪表板。

一、仪表板介绍

仪表板指显示在单一面板的多个工作表和支持信息的集合，它便于同时比较和检测各种数据，并可添加筛选器、突出显示、网页连接等操作，实现工作表之间层层关联、更具交互性的工作成果展示。

仪表板工作区中的主要部件如表 6-1-1 所示。

表 6-1-1　仪表盘部件

部 件 名 称	描 述
仪表板窗口	列出了在当前工作簿中创建的所有工作表，可以选中工作表并将其从仪表板窗口拖至右侧的仪表板区域中，一个灰色阴影区域将指示出可以放置该工作表的各个位置。在将工作表添加至仪表板后，仪表板窗口中会用复选标记来标记该工作表
仪表板对象窗口	包含仪表板支持的对象，如文本、图像、网页和空白区域。从仪表板窗口拖放所需对象至右侧的仪表板窗口中，可以添加仪表板对象
平铺和浮动	决定了工作表和对象被拖放到仪表板后的效果和布局方式。默认情况下，仪表板使用平铺布局，这意味着每个工作表和对象都排列到一个分层网格中。可以将布局更改为浮动以允许视图和对象重叠
布局窗口	以树形结构显示当前仪表板中用到的所有工作表及对象的布局方式
仪表板设置窗口	设置创建的仪表板的大小，也可以设置是否显示仪表板标题。仪表板的大小可以从预定义的大小中选择一个，或以像素为单位设置自定义大小
仪表板视图区	是创建和调整仪表板的工作区域，可以添加工作表及各类对象

在 Tableau 仪表板中，文本、图像、网页、空白等都可以被当作对象添加至仪表板中，以丰富展示内容，优化展示效果。仪表板如图 6-1-1 所示。

■ 图 6-1-1　Tableau 仪表板

文本：通过文本对象，可以向仪表板添加文本块，以用于添加标题、说明等。文本对象将自动调整大小，以最佳的方式适应仪表板中的放置位置；用户也可以通过拖动文本对象的边缘手动调整其大小。默认情况下，文本对象是透明的，可以右击设置文本对象格式。

Step 01：从左侧仪表板对象窗口中，拖动文本对象至仪表板视图区，如图 6-1-2 所示。

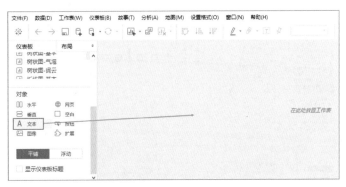

■ 图 6-1-2　拖动文本对象至仪表板视图区

Step 02：在弹出的窗口中输入"TABLEAU"，并修改字号为"24"，单击"加粗"以及"居中"符号，单击"确定"按钮，则成功向仪表板视图区中添加了文本对象，如图 6-1-3 所示。

■ 图 6-1-3　添加文字

图像：通过图像对象，可以向仪表板中添加静态图像文件，如 Logo 或描述性图表。在添加图像对象时，系统会提示从计算机中选择图像，此时可进一步调整图像的显示方式并允许为图像添加网页连接等。如图 6-1-4 所示添加静态图像文件。

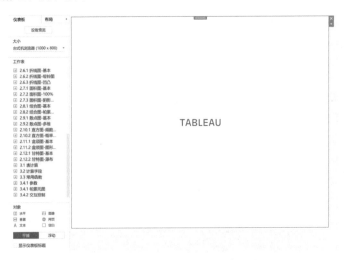

■ 图 6-1-4　添加静态图像文件

Step 03：从左侧仪表板对象窗口中，拖动图像对象至仪表板视图区。

Step 04：在弹出的窗口中选择要添加的本地图片地址，单击"确定"按钮，则成功向仪表板视图区中添加了图像对象，如图 6-1-5 所示。

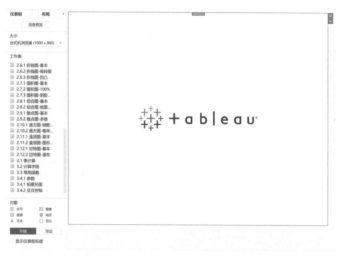

■ 图 6-1-5　添加图像对象

网页：通过网页对象，可以将网页嵌入到仪表板中，以便将 Tableau 内容与其他应用程序中的信息进行组合。添加完成后，连接将自动在仪表板中打开，而不需要打开浏览器窗口。

Step 05：从左侧仪表板对象窗口中，拖动网页对象至仪表板视图区。

Step 06：在弹出的窗口中输入链接"www.tableau. com"，单击"确定"按钮，则成功向仪表板视图区添加了图像对象，如图 6-1-6 所示。

■ 图 6-1-6　输入网址

空白：通过空白对象，可以向仪表板添加空白区域以优化布局，并通过单击并拖动区域的边缘调整空白对象大小；在此不对该对象做实例副本展示。

水平容器：水平容器为横向左右布局，用户可通过拖放的方式将工作表或对象等添加至其中，添加完成后其宽度会自动调整，以均等填充容器宽度。（将在后续章节中进行实例副本演示。）

垂直容器：垂直容器为纵向上下布局，用户可通过拖放的方式将工作表或对象等添加至其中，添加完成后其高度会自动调整，以均等填充容器高度。（将在后续章节中进行实例副本演示。）

二、创建布局

利用在第 2 章中所创建的视图，进行仪表盘布局及内容的创建。

新建一页仪表板。

Step 01：将文本对象拖至视图区，当视图区为灰色阴影时，释放鼠标。

Step 02：在弹出的对话框中输入"某全球大型超市市场分析仪表板"，设置字体为"18"、"加粗"，并使其"居中"，如图 6-1-7 所示。

Step 03：将垂直容器拖动到视图区下方，至视图区一半呈现灰色阴影时，释放鼠标；得到上下切割的两块区域，如图 6-1-8 所示。

Step 04：拉动中间的分隔线，将文本模块压缩变小，重复上一步操作，将下半部分的区域再按上下分割成两块区域，此时得到了 3 块垂直排列的视图块，如图 6-1-9 所示。

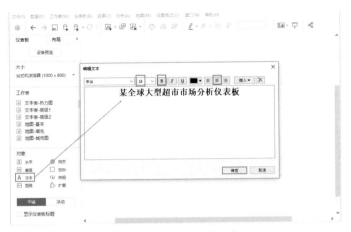

■ 图 6-1-7 调整文字

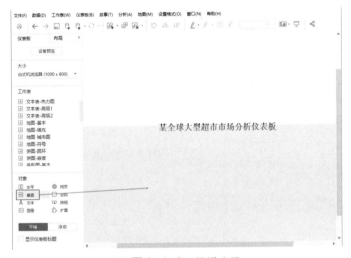

■ 图 6-1-8 视图分区

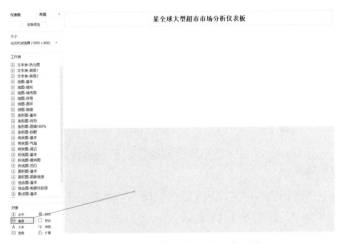

■ 图 6-1-9 将视图分为三块区域

Step 05：将水平容器拖动到视图区右上方，至视图区一半呈现灰色阴影时，释放鼠标；得到中部左右切割的两块区域，如图 6-1-10 所示。

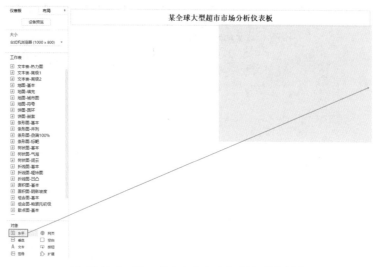

■ 图 6-1-10　完成中部左右切割的两块区域

Step 06：将水平容器拖动到视图区右下方，至视图区一半呈现灰色阴影时，释放鼠标；得到下部左右切割的两块区域，如图 6-1-11 所示。

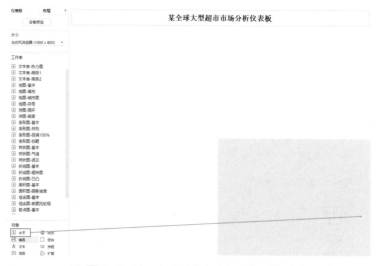

■ 图 6-1-11　完成下部左右切割的两块区域

Step 07：重复上一步操作，经过上述布局分割操作，已经将仪表板视图区分割成了图 6-1-12 所示的结构，得到仪表板布局。

Step 08：分别将工作表列表中"文本表 - 颜色编码""地图 - 符号""折线图 - 凹凸""饼图 - 圆环"拖至对应的布局块中，如图 6-1-13 所示。

Step 09：扩大仪表板区域宽度，以获得较好的可视化效果；在左侧仪表板设置窗口的大小模块中，将宽度修改为 1 500 px，如图 6-1-14 所示。

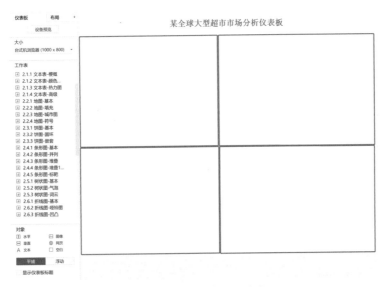

■ 图 6-1-12　完成仪表盘

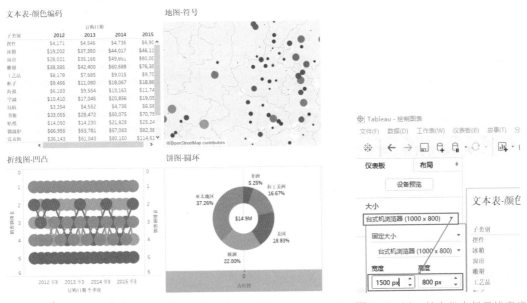

■ 图 6-1-13　将四种图表拖至对应布局块　　　■ 图 6-1-14　扩大仪表板区域宽度

Step 10：对于右侧的图例，利用"浮动"的布局模式，使得其与仪表板中视图重合显示，如图 6-1-15 所示；在右侧图例中，单击容器右侧小三角，在下拉菜单中单击"浮动"，此时图例已悬浮于视图之上，可以适当调整图例位置。窗口面板如图 6-1-16 所示。

Step 11：在容器界面右击，在弹出的快捷菜单中选择"移除容器"命令，可以分开所有图例，如图 6-1-17 所示。

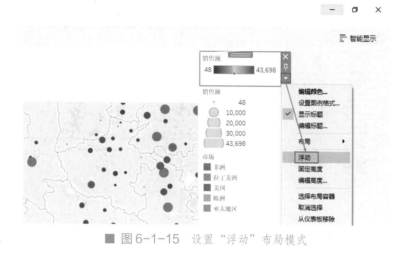

■ 图 6-1-15 设置 "浮动" 布局模式

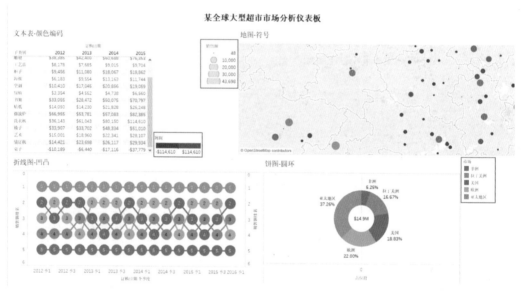

■ 图 6-1-16 窗口面板

Step 12：选中仪表板中的文本表，同样单击其容器右侧的小三角，在下拉菜单中选择 "适合" → "整个视图" 命令，如图 6-1-18 所示。

Step 13：适当移动仪表板的分隔线，将四张视图合理地呈现在仪表板中，并拖动悬浮的图例至合适的位置，如图 6-1-19 所示。

■ 图 6-1-17 移除容器

某全球大型超市市场分析仪表板

文本表-颜色编码				
		订购日期		
子类别	2012	2013	2014	2015
摆件	$4,171	$4,546	$4,736	$6,906
冰箱	$19,202	$37,350	$44,017	$46,111
宿论	$28,021	$35,166	$49,861	$60,088
雕塑	$38,385	$42,400	$60,688	$76,353
工艺品	$8,178	$7,685	$9,015	$9,704
柜子	$9,456	$11,080	$18,067	$18,862
海报	$6,183	$9,554	$13,163	$11,744
空调	$10,410	$17,045	$20,856	$19,059
绿植	$3,354	$4,552	$4,738	$6,560
书架	$33,055	$28,472	$50,075	$70,797
贴纸	$14,050	$14,230	$21,828	$25,248
微波炉	$66,955	$53,781	$57,083	$82,385
洗衣机	$36,143	$61,043	$80,150	$114,610
椅子	$33,907	$33,702	$48,334	$51,010
艺术	$15,001	$18,960	$22,341	$28,107
装订机	$14,421	$23,698	$26,117	$29,934
桌子	-$10,189	-$6,440	-$17,116	-$37,779

■ 图6-1-18 单击"整个视图"

某全球大型超市市场分析仪表板

■ 图6-1-19 调整四张视图位置

思考和练习

1. Tableau 仪表盘怎么布局比较美观、合理？

2. 仪表板工作区中的主要部件有_____。

3. 仪表板指显示在单一面板的_____和_____的集合，它便于同时比较和检测各种数据，并可添加_____、_____、_____等操作。

知识拓展

仪表板功能栏中，还有增加网格、设置格式等功能。同样在功能栏中可以导出此视图。

任务二　Tableau 的"仪表板"（二）

Tableau 的"仪表板"
（二）

学习目标

◆能使用 Tableau 仪表板交互功能。

任务分析

本任务讲解的是仪表板中的"表间筛选""突出显示""添加网址"三种操作。接下来一起学习一下吧。

任务实施

一、表间筛选

筛选器操作可以实现工作表与工作表之间的关联展示以及展示内容的多层数据钻取。当添加了筛选器操作后，在选中"源工作表"的某个特定对象时，其余的"目标工作表"只会展示选中对象相匹配的内容。基于上一节中创建的仪表板，利用交互操作实现表间筛选功能。

Step 01：在菜单栏中选择"仪表板"→"操作"命令，如图 6-2-1 所示。

Step 02：在弹出的操作对话框中，单击下方的"添加操作"按钮，选择"筛选器"，如图 6-2-2 所示。

■ 图 6-2-1　选择"操作"命令

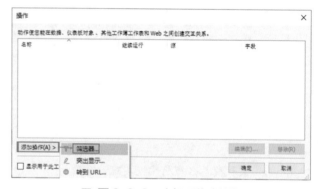

■ 图 6-2-2　选择"筛选器"

Step 03：在弹出的编辑筛选器操作对话框中，输入名称为"季度筛选"，在"源工作表"区域仅勾选"折线图 - 凹凸"，"运行操作方式"选择"选择"，在"目标工作表"区域勾选"地图 - 符号""文本表 - 颜色编码""饼图 - 圆环"，"清除选定内容将会"中选择"显示所有值"。"添加筛选器操作"对话框如图 6-2-3 所示。

Step 04：在下方单击"添加筛选器"按钮，在弹出的菜单中选择字段"季度（订购日期）"，作为受影响的特定字段，如果设置为所有字段，则选择源工作表中的任意字段都可触发交互操作。"添加筛选器"对话框如图 6-2-4 所示。

■ 图 6-2-3　"添加筛选器操作"对话框　　　　　■ 图 6-2-4　添加筛选器

"源工作表"表示触发筛选的工作表；"目标工作表"表示触发筛选后受到影响的工作表；"目标筛选器"则是用来设置特定工作表是受所有展示字段均受交互操作影响，还是只有特定字段受交互操作影响。

"运行操作方式"即为交互触发方式，Tableau 提供了三种触发筛选的方式，包括"悬停""选择""菜单"：

① 若选择"悬停"，当鼠标悬停到工作表某个特定对象时交互操作生效；

② 若选择"选择"，当鼠标选中工作表某个特定对象时交互操作生效；

③ 若选择"菜单"，当鼠标悬停或单击工作表某个特定对象时弹出标签卡中会出现对应交互的菜单，单击菜单则该交互操作生效。

"清除选定内容将会"是指，当取消选择某个工作表上的对象时，对于受其交互操作影响的所有工作表，都可以设置其展示内容。

① 选择"保留筛选器"，则受交互操作影响的所有工作表将在取消选择某个工作表上的对象后仍展示选择该对象时的数据。

② 选择"显示所有值"，则受交互操作影响的所有工作表将在取消选择某个工作表上的对象后展示工作表内的所有内容；

③ 选择"排除所有值"，则受交互操作影响的所有工作表将在取消选择某个工作表上的对象后不再展示任何内容。

若添加的字段不存在于源工作表中，会出现缺少字段的提示。"目标筛选器对话框"如图 6-2-5 所示。

■ 图 6-2-5　目标筛选器对话框

Step 05：创建好该筛选操作后，单击"确定"按钮，返回仪表板界面；此时单击凹凸图中2014年季2下的任意圆点，则会将其余三个视图中的数据筛选为2014年第二季度的值，如图6-2-6所示。

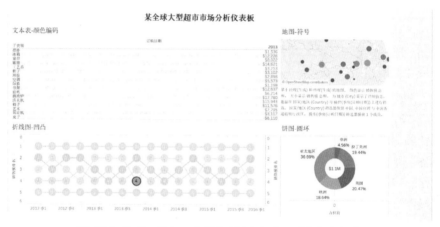

■ 图 6-2-6　单击凹凸图中 2014 年季 2 下的任意圆点

Step 06：同样，单击最右上角的圆，则会按照该圆点所在的季度（2015年季4）对其余视图进行筛选，如图6-2-7所示。

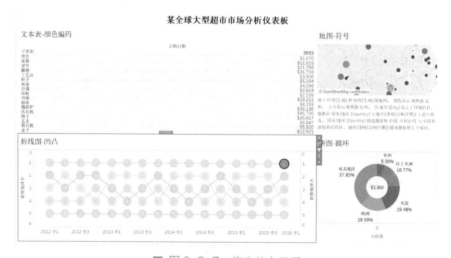

■ 图 6-2-7　筛选其余视图

Step 07：当再次单击选中的圆点或单击空白处，将选中的元素取消时，则会回到最开始的数据状态。取消所选中的元素如图 6-2-8 所示。

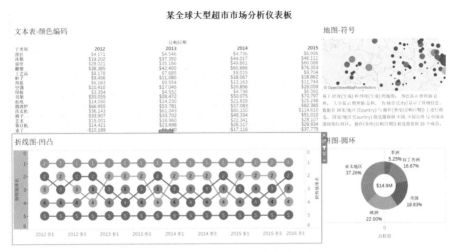

■ 图 6-2-8　取消所选中的元素

二、突出显示

突出显示操作可以在 "源工作表" 的某个特定对象被选中时，高亮显示 "目标工作表" 中与选中对象相匹配的内容。

Step 01：在菜单栏中选择 "仪表板" → "操作" 命令。

Step 02：在弹出的操作对话框中，单击下方的 "添加操作" 按钮，选择 "突出显示" 命令，如图 6-2-9 所示。

■ 图 6-2-9　添加操作，单击 "突出显示"

Step 03：在弹出的 "编辑突出显示操作" 对话框中，输入名称为 "市场突出显示"，在 "源工作表" 中仅勾选 "2.3.2 饼图 - 圆环"，"运行操作方式" 选择 "悬停"，在 "目标工作表" 中勾选 "2.1.1" 以及 "2.6.3"，"目标突出显示" 中选择 "所有字段"，单击 "确定" 按钮。"编辑突出显示操作" 对话框如图 6-2-10 所示，"操作" 对话框如图 6-2-11 所示。

Step 04：将鼠标放在圆环图中任意市场部分上，则文本表、凹凸图均会联动有高亮显示；移开则恢复初始状态，如图 6-2-12 和图 6-2-13 所示。

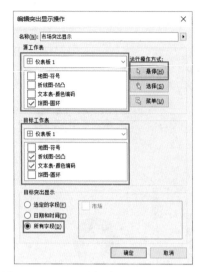

■ 图 6-2-10 "编辑突出显示操作"对话框　　　　■ 图 6-2-11 "操作"对话框

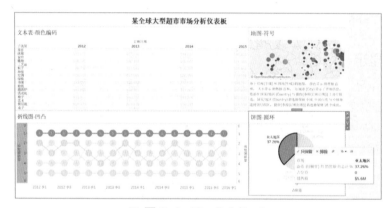

■ 图 6-2-12 仪表板 -1

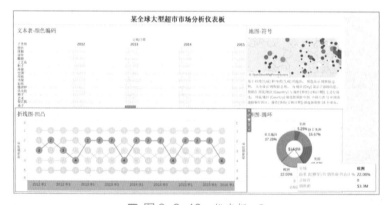

■ 图 6-2-13 仪表板 -2

三、添加网址链接

添加 URL 可以使在选中源工作表的特定对象时弹出需要展示的网页。

Step 01：在菜单栏中选择"仪表板"→"操作"命令。

Step 02：在弹出的"操作"对话框中，单击下方的"添加操作"按钮，选择"转到 URL"命令，如图 6-2-14 所示。

■ 图 6-2-14　选择"转到 URL"命令

Step 03：在弹出的"添加 URL 操作"对话框中，输入名称为"地图查询"，在"源工作表"中仅勾选"2.2.2 地图 - 填充"，"运行操作方式"选择"菜单"，在"URL"中输入"map.baidu.com"，单击"确定"按钮，如图 6-2-15 和图 6-2-16 所示。

■ 图 6-2-15　"添加 URL 操作"对话框　　　　　　■ 图 6-2-16　"操作"对话框

Step 04：单击地图中任意省份时，则会出现"地图查询"的高亮超链接在工具提示中，单击即可跳转到预先设置好的网址，如图 6-2-17 所示。

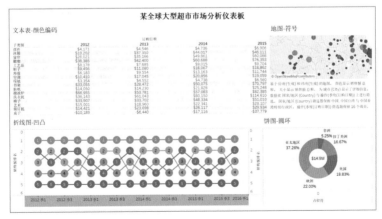

■ 图 6-2-17　某全球大型超市市场分析仪表板

数据分析

数据存在的意义就是希望能够通过过去的数据，为未来的运营做准备。这个仪表盘的数据集是从 2012 年至 2015 年的数据，所以可以通过现有数据分析来布局 2018 年的市场策略。

数据交互是 Tableau 洞察数据最直接有效的方式。通常，将多个工作表放入同一个仪表板，通过筛选实现数据联动，单击某个工作表中的内容，便可查看仪表板中其他工作表的相同内容情况。

观察该仪表板（见图 6-2-17），左上角的产品销售额数据显示：在摆件、冰箱、窗帘、雕塑、工艺品、柜子、海报、空调、绿植、书架、贴纸、微波炉、洗衣机、椅子、艺术、装订机、桌子这 17 种商品类别中，桌子连续 4 年亏损、洗衣机销售额最高。摆件、工艺品、绿植类的年销售额皆不超过 1 万元。

使用光标对地图进行交互（见图 6-2-18）可见，中国地区内销售额最高的是广东省，销售额为 129 626 元。

根据下方的两份数据显示，2012 年至 2015 年，4 年内该全球大型超市销售额共计 1 490 万（此处的单位 M 代指 Mega，即百万），亚太地区销售额稳固排名第一、欧洲销售额较为稳定的排行第二、美国销售额在第二至第四之间浮动、非洲销售额排行最低。其中销售额最高的亚太地区占比 37.26%，其次为欧洲（22%）、美国（18.83%）和拉丁美洲（16.67%），非洲仅占 5.25%。使用光标对圆环图进行交互（见图 6-2-19）可见，亚太地区的具体销售额为 560 万。

结合整张仪表板分析可得，该全球大型超市销售额主要来源于亚太地区；所销售的产品中洗衣机类销售额最高、桌子类连年亏损；摆件、工艺品、绿植类几乎不赚钱。所以在 2016 年的市场策略中，该大型超市依据数据可得，可以考虑停止售卖桌子、摆件、工艺品、绿植类别的商品，并根据实际情况调整不同市场的营销力度。

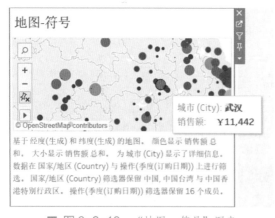

■ 图 6-2-18 "地图－符号"图表

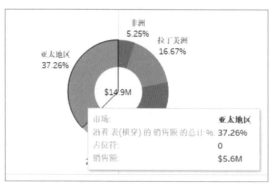

■ 图 6-2-19 对圆环饼图进行交互

思考和练习

1. Tableau 仪表板可以实现哪些功能？哪些情况下适合使用？
2. 筛选器操作可以实现_____与_____之间的关联展示以及展示内容的多层数据钻取。
3. 添加_____可以使在选中源工作表的特定对象时弹出需要展示的网页。

知识拓展

Tableau 的关键优势之一便在于用户可以简单便利地在图表间、视图间添加交互操作。

任务三　Tableau 的"故事"

Tableau 的"故事"

学习目标

◆能使用 Tableau 的故事功能。

任务分析

故事是按顺序排列的工作表集合，包含多个传达信息的工作表或仪表板。故事中各个单独的工作表称为"故事点"，创建故事的目的是揭示各种事实之间的关系、提供上下文、演示决策与结果的关系。本任务将介绍使用 Tableau 创建故事的详细步骤及注意事项。

任务实施

Tableau 故事不是静态屏幕截图的集合，故事点仍与基础数据保持连接，并随着数据源数据的更改而更改，或随所用视图和仪表板的更改而更改。当我们需要分享故事时，可以通过将工作簿发布到 Tableau Server 或 Tableau Online 实现。

在数据分析工作中，使用故事的方式主要有以下两种。

① 协作分析：可以使用故事构建有序分析，供自己使用或与同事协作使用。显示数据随时间变化的效果，或执行假设分析。

② 演示工具：可以使用故事向客户叙述某个事实，就像仪表板提供相互协作视图的空间排列一样，故事可按顺序排列视图或仪表板，以便创建一种叙述流。

Tableau 的故事界面主要由工作表、导航器、新建故事点等组成，如图 6-3-1 所示。

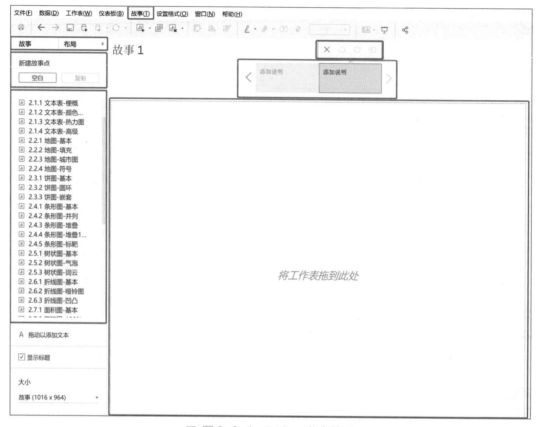

■ 图 6-3-1　Tableau 故事界面

① 用于添加新故事点的选项：位于左侧上部窗口；选择"空白"以添加新故事点，或者选择"复制"以将当前故事点用作下一个故事点的起点。

② "故事"窗格：位于左侧上部窗口的第一个选项卡；使用此窗格将仪表板、工作表和文本描述拖到用户的故事工作表。这里也是设置故事大小以及显示或隐藏标题的地方。

③ "布局"窗格：位于左侧上部窗口的第二个选项卡；这里是用户选择导航器样式以及显示或隐藏前进和后退箭头的位置。

④ "故事"菜单：位于顶部菜单栏中央；使用 Tableau Desktop 中的此菜单设置故事的格式，或者将当前故事点复制或导出为图像。用户也可以在此清除整个故事，或者显示或隐藏导航器和故事标题。

⑤ "故事"工具栏：当用户将鼠标悬停在导航区域上时，会出现此工具栏；使用它来恢复更改、将更新应用于故事点、删除故事点，或利用当前的定制故事点创建一个新故事点。

⑥ 导航器：位于视图区的上部；导航器允许用户编辑和组织故事点。这也是受众将逐步看完故事的方式。若要更改导航器的样式，可使用"布局"窗格。

基于项目二构建的众多可视化图表，可以针对此全球大型超市四年的订单数据建立如下故事。（在此之前，需利用数个仪表板，将每个故事点的内容拼接起来。）使用仪表板拼接故事如图 6-3-2~图 6-3-4 所示。

故事 1

中国市场各省市分隔   销售额排行

 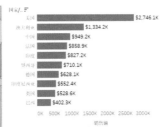

图 6-3-2 使用仪表板拼接故事 -1

2015年度销售额完成情况

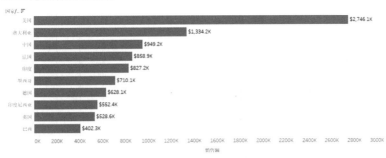

五大市场销售额排名走势

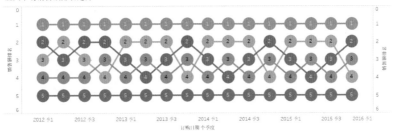

图 6-3-3 使用仪表板拼接故事 -2

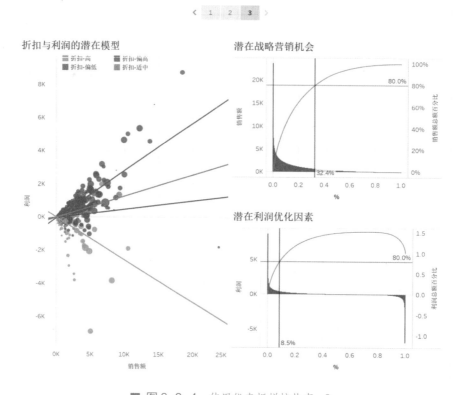

■ 图 6-3-4　使用仪表板拼接故事 -3

在 Tableau 中，可以使用演示模式向其他人展示故事。单击工具栏中的"演示模式"按钮。按【Page Down】键或单击"下一个"按钮逐步演示你的故事。（要退出演示模式，可按【Esc】键或单击视图右下角的"演示模式"按钮。）

数据分析

观察故事第一页，使用交互功能，可以初步了解不同商品种类的销售额与各地销售额的具体情况，具体数据已经在前文作出分析，这里不再赘述。

观察故事第二页，可以得知各国各地区 2015 年的具体销售额情况。根据条形图可得：美国 2015 年的销售额最高，其次是澳大利亚和中国；但若将澳大利亚、中国、印度这三个亚太国家的销售额相加，将大于美国的销售额。观察本页下半张折线图可得：国家销售额最高的美国在五大地区销售额仅位列第三，澳大利亚、中国和印度所属的亚太地区却排行第一。

分析故事第三页，观察折扣与利润的潜在模型可以得知折扣越高，利润越低；过高的折扣甚至会导致亏本。

使用故事功能可以对各种图表进行分类归纳，整合数据对其进行分类分析。故事功能可以更好地利用过往的数据，并根据分析所得的结果，为未来的营销策略与销售手段作出更科学更明智的判断与准备。

思考和练习

1. 既然我们有成熟的 PPT 软件等，Tableau 故事功能是否有存在的必要？

2. 在数据分析工作中，使用故事的方式主要有哪两种？

3. 观察故事第一页，使用_____，可以初步了解_____的销售额与_____销售额的具体情况。

4. 故事是按_____的工作表集合，包含多个_____的工作表或仪表板。故事中各个单独的工作表称为"_____"，创建故事的目的是揭示各种事实之间的关系、提供_____、_____与_____的关系。

 知识拓展

在 Tableau 中，故事是一系列共同作用以传达信息的虚拟化项。用户可以创建故事以讲述数据，提供上下文，演示决策与结果的关系，或者只是创建一个极具吸引力的案例。

故事是一个工作表，因此用于创建、命名和管理工作表和仪表板的方法也适用于故事。同时，故事还是按顺序排列的工作表集合。故事中各个单独的工作表称为"故事点"。

项目归纳与小结

阿洪："在本项目中我们学习了仪表板与故事的运用。这些能够帮助你制作明天的图表演示，为你的演示加分哦。"

小娅："谢谢前辈，我现在就开始制作明天的演示内容，还有什么其他要求您跟我讲一下吧。"

实操演练

本项目整合了项目二至项目五制作的图表，学习了仪表板和故事的使用及功能。下面继续以在项目二至项目五中制作的图表为依据，挑选若干项，请完成以下操作：

1. 根据你的分析思路组合若干张合适的仪表板，并对数据做出筛选。

2. 对仪表板进行数据分析。

3. 将仪表板组合为故事。

4. 讲解你的故事。

项目评价

项目实训评价			
评价项目	评 价		
	完全实现	基本实现	继续学习
任务 1　Tableau 的"仪表板"（一）			
学习目标　使用 Tableau 仪表板 能灵活运用 Tableau 仪表板 创建布局 能灵活运用 Tableau 创建布局			
任务 2　Tableau 的"仪表板"（二）			
学习目标　使用 Tableau 仪表板交互功能 能灵活运用 Tableau 仪表板交互功能			
任务 3　Tableau 的"故事"			
学习目标　使用 Tableau 的故事功能 能灵活运用 Tableau 的故事功能			

项目七

综合
——Tableau 实战应用

旅游景点数据
可视化视图

情景

阿洪："小娅，你学习的很好，接下来我们使用 Tableau 做具体的数据分析报告吧！"

小娅："好的，不过我做好了，还请帮我看下哦，我想知道自己分析的整体性怎么样。"

阿洪："好的，没问题。"

任务一 红色旅游景点数据分析

学习目标

◆能使用 Tableau 仪表板。

◆能创建布局。

任务分析

本任务的主要内容为"红色旅游景点的数据分析"，学习 Tableau 的仪表板及布局创建，分析各类旅游景点的数量分布及价格离散分布。并对国内各类旅游景点数量进行排序。

任务实施

一、连接数据源

Step 01：打开 Tableau 客户端。

Step 02：在窗口左侧选择连接到"文本文件"。连接数据源如图 7-1-1 所示。

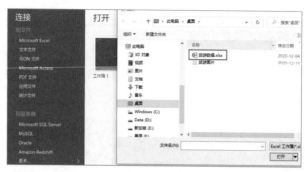

■ 图 7-1-1 连接数据源

Step 03：连接后，Tableau 会自动解析工作簿中的工作表，从左侧窗口中将"景点"拖至右侧空白处，数据连接建立成功，如图 7-1-2 所示。

■ 图 7-1-2 成功连接数据源

二、景点分类

Step 01：单击下方选项卡"工作表 1"跳转至工作表。

Step 02：在左侧数据窗口中，将维度窗口中的"人均价格"拖至右侧视图区中的行功能区中，观察得知，价格中包含文本类型数据，如图 7-1-3 所示。

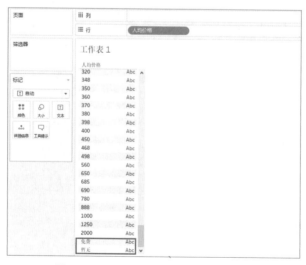

■ 图 7-1-3 查看人均价格以及其文本类型

Step 03：右击左侧数据窗口空白处，在弹出的快捷菜单中选择"创建计算字段"命令。

Step 04：输入图 7-1-4 所示公式，创建人均价格_修正计算字段。

■ 图 7-1-4 创建人均价格_修正计算字段。

Step 05：在标记卡中将标记类型修改为"方形"，如图 7-1-5 所示。

Step 06：从左侧数据窗口中，将维度字段"分类"拖至标记卡中"标签"按钮处。

Step 07：将度量字段"人均价格_修正"拖至标记卡中"颜色"按钮处。

Step 08：同样，再将"人均价格_修正"拖至标记卡中的"大小"按钮处，如图 7-1-6 所示。

■ 图 7-1-5 将标记类型修改为"方形"

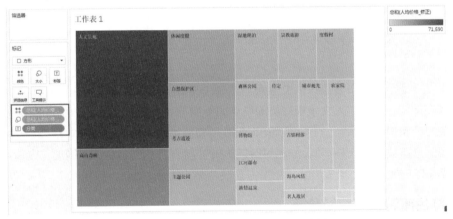

■ 图 7-1-6 添加并设置字段标记样式

Step 09：从左侧数据窗口中，将维度字段"人均价格_修正"拖至标记卡中"文本"按钮处。

Step 10：右击该字段或单击其右侧小三角，在下拉菜单中选择"度量（总和）"，将其修改为"平均值"，如图 7-1-7 所示。

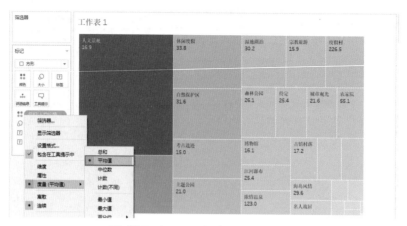

■ 图 7-1-7　添加并设置计算字段

Step 11：将工作表名称修改为"景点分类"，如图 7-1-8 所示。

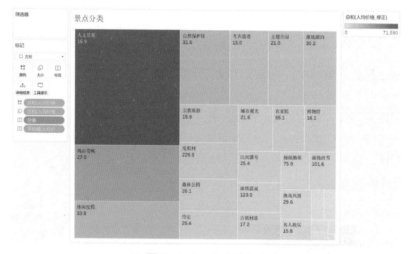

■ 图 7-1-8　修改图表名称

如图 7-1-8 所示，可以看到"人文景观""高山奇峡""休闲度假"三个分类在中国景点数量统计中排在前三，其中"人文景观"类的景点均价为 16.9 元，当然平均价格低也有这些景点中包含大量免费参观景点的原因。仔细观察可以发现所有分类中平均价格最高的是"度假村"分类，且这个分类的景点数量统计并不低，推测可得近年来"度假村"的建设在不断增加，人们在"度假村"度过休闲娱乐的时光也在不断攀升。

三、红色旅游景点数量分布

Step 01：新建工作表 2，在左侧度量窗口中，右击度量字段"纬度"，在弹出的快捷菜单中选择"地理角色"→"纬度"命令，设置字段"纬度"的地理角色类型，如图 7-1-9 所示。

Step 02：右击度量字段"经度"，在弹出的快捷菜单中选择"地理角色"→"经度"命令，设置字段"经度"的地理角色类型，如图 7-1-10 所示。

Step 03：右击维度字段"省份"，在弹出的快捷菜单中选择"地理角色"→"省 / 市 / 自治区"命令，设置字段"省份"的地理角色类型，如图 7-1-11 所示。

■ 图 7-1-9 设置字段"纬度"的地理角色类型　　■ 图 7-1-10 设置字段"经度"的地理角色类型

Step 04：分别双击度量字段"经度"和"纬度"，使其加入行列功能区中，生成地图。

Step 05：再将维度字段"省份"拖至筛选器中选择河北、贵州、陕西三个省份，如图 7-1-12 所示。

■ 图 7-1-11 设置字段"省份"的　　　　　■ 图 7-1-12 使用筛选器筛选河北、

地理角色类型　　　　　　　　　　贵州、陕西三个省份

Step 06：并将维度字段"省份"拖至标记卡中"详细信息"按钮处，如图 7-1-13 所示。

Step 07：在标记卡中，将标记类型修改为"地图"，如图 7-1-14 所示。

Step 08：从左侧度量窗口中，将字段"景点 ID"拖至标记卡中"颜色"按钮处。

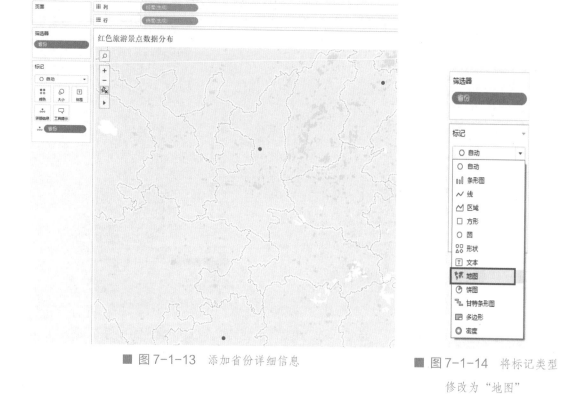

■ 图 7-1-13 添加省份详细信息

■ 图 7-1-14 将标记类型
修改为"地图"

Step 09： 右击该字段或单击其右侧小三角，在弹出的快捷菜单中将度量方式修改为"计数（不同）"，如图 7-1-15 所示。

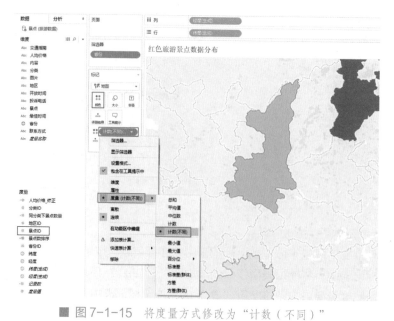

■ 图 7-1-15 将度量方式修改为"计数（不同）"

Step 10： 得到图 7-1-16 所示的红色旅游景点数据分布图。

■ 图 7-1-16　红色旅游景点数据分布

如图 7-1-16 所示，观察得到红色旅游景点数据分布中河北地区的景点数量最高，达到 519 个景点，而贵州地区数量较少，为 245 个，陕西地区的旅游景点数量为 323 个。

四、同分类景点价格离散分布

Step 01：新建"工作表 3"，将维度字段"分类"拖至行功能区，将度量字段"人均价格_修正"拖至列功能区，如图 7-1-17 所示。

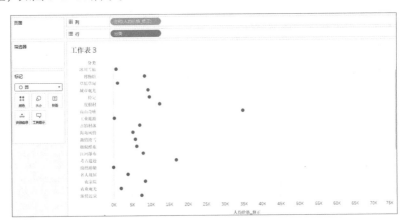

■ 图 7-1-17　各景点分类下的人均价格

Step 02：将维度字段"分类"拖至标记卡中"颜色"按钮处。

Step 03：将维度字段"景点"拖至标记卡中"详细信息"按钮处，图表数据呈现样式，如图 7-1-18 所示。

■ 图 7-1-18　图表数据呈现样式

Step 04：右击左侧数据窗口空白处，在弹出的快捷菜单中选择"创建计算字段"命令，输入图 7-1-19 所示公式，创建同分类下景点数量计算字段。

■ 图 7-1-19　创建同分类下景点数量计算字段

Step 05：将创建的计算字段"同分类下景点数量"拖至标记卡的"筛选器"中，在弹出的窗口中选择"所有值"，如图 7-1-20 所示。

Step 06：在弹出窗口中将最低值范围修改为 500，如图 7-1-21 所示。

■ 图 7-1-20　选择筛选所有值字段

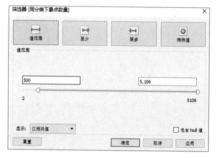

■ 图 7-1-21　修改最低值范围

Step 07：单击视图右下角的">3K 个 null"，在弹出窗口中选择"筛选数据"，如图 7-1-22 所示。

■ 图 7-1-22　执行筛选数据命令

Step 08：右击视图中的横轴，在弹出的快捷菜单中选择"添加参考线"命令，如图 7-1-23 所示。

Step 09：在弹出的窗口中选择"盒须图"，单击"确定"按钮，如图 7-1-24 所示。

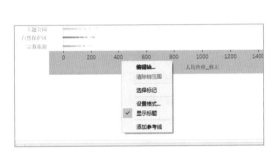

■ 图 7-1-23　执行添加参考线命令　　　　■ 图 7-1-24　设置参考线、参考区间
　　　　　　　　　　　　　　　　　　　　　　　或框样式为盒须图

Step 10：右击视图中的横轴，在弹出的快捷菜单中选择"编辑轴"命令，如图 7-1-25 所示。

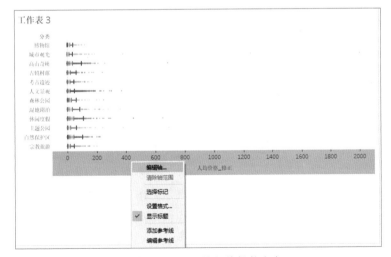

■ 图 7-1-25　执行编辑轴命令

Step 11：在弹出的窗口中选择"范围"为"固定"，修改开始值为"-10"，结束值为"300"，如图 7-1-26 所示。

Step 12：双击行功能区空白处，输入公式 INDEX()%60，如图 7-1-27 所示。

■ 图 7-1-26　编辑轴的范围　　　　　　　　　■ 图 7-1-27　行功能区添加公式

Step 13：右击该字段，在弹出的快捷菜单中选择"计算依据"→"景点"，如图 7-1-28 所示。

Step 14：右击该字段，在弹出的快捷菜单中取消勾选"显示标题"，如图 7-1-29 所示。

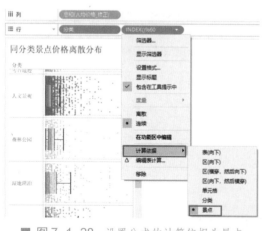

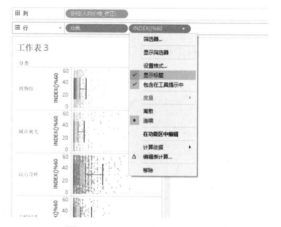

■ 图 7-1-28　设置公式的计算依据为景点　　　　■ 图 7-1-29　取消公式显示标题

Step 15：修改工作表名称为"同分类景点价格离散分布"，如图 7-1-30 所示。

通过图 7-1-30 所示的盒须图，观察同分类景点价格离散分布情况，同类别中的价格基本比较集中，部分类别中会有较大的价格差异但数量不多。

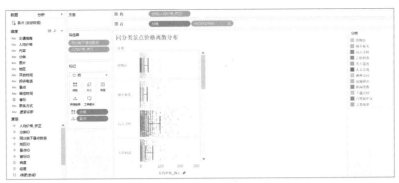

■ 图 7-1-30　修改工作表名称

五、同分类各省份景点数量排行榜

Step 01：新建"工作表 4"，右击左侧数据窗口空白处，在弹出的快捷菜单中选择"创建计算字段"命令，输入图 7-1-31 所示公式创建景点数排序计算字段。

■ 图 7-1-31　创建景点数排序计算字段

Step 02：从左侧维度窗口中，将维度字段"分类"和"省份"拖至行功能区。

Step 03：从度量窗口中，将度量字段"景点 ID"拖至列功能区，并修改度量方式为"计数（不同）"。不同景点分类下不同省份的景点数量图表如图 7-1-32 所示。

Step 04：从左侧维度窗口中，将度量字段"分类"拖至标记卡中"颜色"按钮处。

Step 05：按住【Ctrl】键，从列功能区，将度量字段"计数（不同）（景点 ID）"拖至标记卡中"标签"按钮处。如图 7-1-33 所示设置"计数（不同）（景点 ID）"的度量方式为"计数（不同）"，如图 7-1-34 所示。

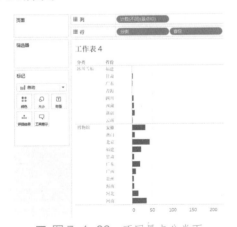

■ 图 7-1-32　不同景点分类下

不同省份的景点数量图表

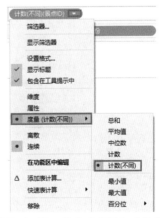

■ 图 7-1-33　计数（不同）（景点 ID）

的度量方式为"计数（不同）"

Step 06：右击创建好的计算字段"景点数排序"，在弹出的快捷菜单中选择"转换为离散"命令，如图 7-1-35 所示。

■ 图 7-1-34　复制度量字段

"计数（不同）（景点 ID）"至标签标记

■ 图 7-1-35　将计算字段

"景点数排序"转换为离散

Step 07：将字段"景点数排序"拖至行功能区中，放至在字段"分类"之后、字段"省份"之前，修改计算依据为"省份"，如图 7-1-36 所示。

Step 08：在行功能区中，按住【Ctrl】键，将字段"景点数排序"拖至筛选器卡中，在弹出的快捷菜单中进行筛选操作，仅保留前五，如图 7-1-37 所示。

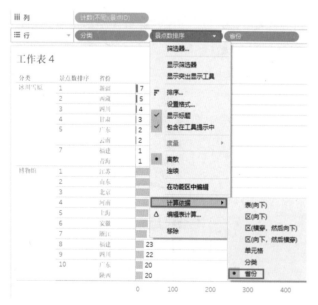

■ 图 7-1-36　修改计算字段"景点数排序"

的计算依据为"省份"

■ 图 7-1-37　筛选景点数排序 TOP5

Step 09：修改工作表名称为"同分类各省份景点数量排行榜"，如图 7-1-38 所示。

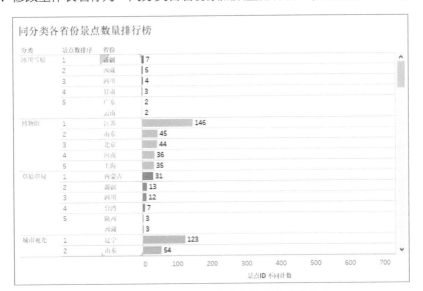

■ 图 7-1-38　同分类各省份景点数量排行榜

如图 7-1-38 所示，分析同分类各省份景点数量排行前五的省份，江苏的"博物馆"景点数量高达 146、辽宁的"城市观光"景点数量高达 123，都在各自分类中遥遥领先，而"草原草甸"景点分布主要集中在内蒙古、新疆、四川地区。

六、红色旅游景点统计

Step 01：新建"工作表 5"，分别双击度量窗口中的字段"经度"和"纬度"，使其分别放置在行列功能区中，如图 7-1-39 所示。将维度字段"省份"拖至筛选器中，选择河北、贵州、陕西三个省份，生成地图，如图 7-1-40 所示。

■ 图 7-1-39　将纬度、经度字段分别　　　　　■ 图 7-1-40　筛选贵州、河北、陕西
　　　　　放置在行列功能区　　　　　　　　　　　　　　三个省份的景点

Step 02：从左侧维度窗口中，将字段"景点"拖至标记卡中"详细信息"按钮处，如图 7-1-41 所示。

Step 03：从左侧度量窗口中，将字段"人均价格 _ 修正"拖至标记卡中"大小"按钮处，并修改度量方式为"平均值"，如图 7-1-42 所示。

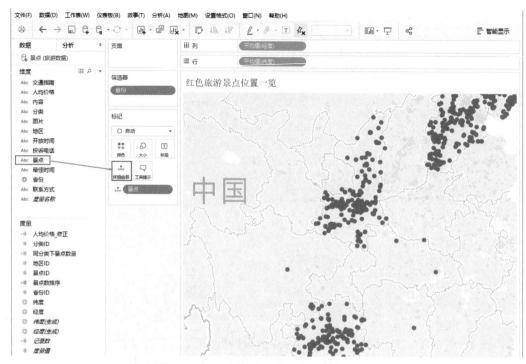

■ 图 7-1-41　设置景点字段的标记样式为详细信息

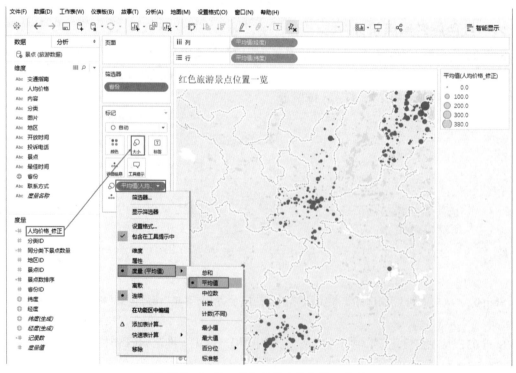

■ 图 7-1-42　添加标记人均价格 _ 修正

Step 04：得到图 7-1-43 所示红色旅游景点位置一览表。

红色旅游景点位置一览

如图 7-1-43 所示，根据散点图及其原点大小，可以看到河北、陕西、贵州的旅游景点分布情况，其中陕西省西安市及附近的景点较为集中，数量较多，其中有阿房宫、终南山、大雁塔等著名景点。贵州省的景点较为分散，且数量不及河北、陕西，贵州省景点主要以森林、瀑布、山洞等自然景观为多数。河北省的景点数量最多，且分布较为平均，各类景点也都应有尽有。

七、旅游景点分布概况仪表盘一览

Step 01：新建"仪表板 1"，在左侧上方可以自定义仪表板大小，将仪表板的大小调整为"1 200×900"，如图 7-1-44 所示。

Step 02：从左侧对象窗口中，将"文本"拖至仪表板空白处，在弹出的窗口中输入自定义的仪表板标题，调整字体格式及大小，如图 7-1-45 所示。

■ 图 7-1-44 设置仪表板大小

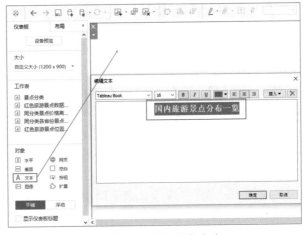

■ 图 7-1-45 添加文本

Step 03: 从左侧工作表窗口中,将工作表"景点分类"拖至仪表板中,当出现一半灰色区域时,释放鼠标,将工作表放置于标题下方,如图 7-1-46 所示。

■ 图 7-1-46　在仪表板下方插入"景点分类"工作表

Step 04: 从左侧工作表窗口中,将工作表"红色旅游景点数据分布"拖至仪表板中,当出现一半灰色区域时,释放鼠标,将工作表放置于工作表"景点分类"下方,如图 7-1-47 所示。

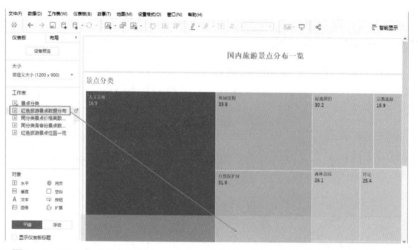

■ 图 7-1-47　在"景点分类"工作表下方插入"红色旅游景点数据分布"工作表

Step 05: 从左侧工作表窗口中,将工作表"同分类景点价格离散分布"拖至仪表板中,当出现一半灰色区域时,释放鼠标,将工作表放置于"红色旅游景点数量分布"标题右侧,如图 7-1-48 所示。

Step 06: 同理放入"同分类各省景点数排行榜",适当拉动各工作表边框,调整大小,如图 7-1-49 所示。

Step 07: 在右侧出现的图例中,选择"景点 ID 不同计数",单击边框中的小三角,在下拉菜单中选择"浮动",使得其浮于仪表板之上,如图 7-1-50 所示。

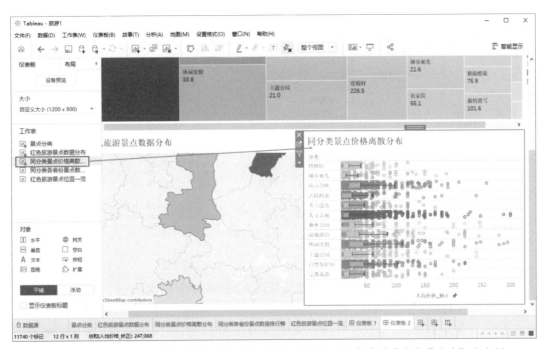

■ 图 7-1-48　将"同分类景点价格离散分布"表插入"红色旅游景点数量分布"表右侧

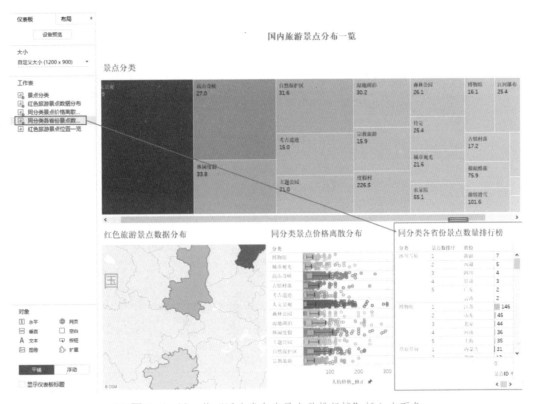

■ 图 7-1-49　将"同分类各省景点数排行榜"插入右下角

Step 08：剩余的两个图例，选中边框，单击边框中的关闭按钮，将其移除，如图 7-1-51 所示。

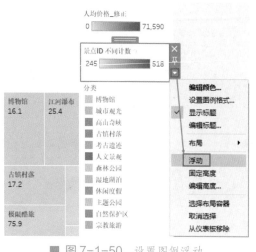

■ 图 7-1-50　设置图例浮动　　　　　　　　　■ 图 7-1-51　删除图例

Step 09： 适当调整仪表板中各工作表的位置及大小，使得可视化效果最佳，如图 7-1-52 所示。

根据图 7-1-52 的仪表盘内容，可以详细了解以河北、陕西、贵州等地区为主，国内旅游景点分布情况，包括经典类别、数量分布、价格分布等综合信息，都通过一张仪表盘呈现，清晰明了。

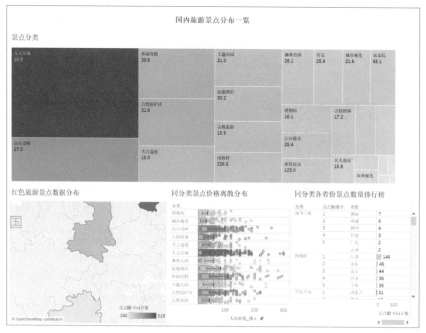

■ 图 7-1-52　国内旅游景点分布一览仪表板

◎ 数据分析

分析最终所得仪表板（见图 7-1-52）可以得知：

所有景点中，人文景观类最热门，平均门票价格为 16.9 元。其次为高山奇峡（均价 27 元）和休闲度假（均价 33.8 元）。

使用光标对地图进行交互，可得知在河北、陕西、贵州地区，河北的景点数量最多，陕西和贵州地区的景区数量相较于河北要少一点，贵州地区的数量最少，如图 7-1-53 所示。

■ 图 7-1-53　使用光标对地图进行交互显示详细信息

如图 7-1-54 所示"同分类各省份景点数量排行榜"，可以了解不同景点分类在各地区的分布数量与地区排行。

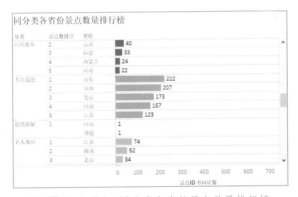

■ 图 7-1-54　同分类各省份景点数量排行榜

观察图 7-1-52，可以了解各景点门票价格的分布情况，其中休闲度假的价格平均分布最高。

◎ 思考和练习

1. Tableau 综合运用时，以上旅游数据的数据源还可以呈现出哪些内容？
2. Tableau 连接数据源的步骤有＿＿＿＿＿＿、＿＿＿＿＿＿、＿＿＿＿＿＿。

◎ 知识拓展

在 Tableau 综合操作时，不仅要考虑每一类数据源的呈现方式，还要考虑如何将制作的图表，使用仪表板和故事来具象地呈现给观众，让观看的人可以一目了然地知道你想表达的内容。

任务归纳与小结

阿洪：　"Tableau 的使用流程我已经给你演示了一遍，细化的内容就要靠你深入学习和自我理解，加油吧。"

小娅："好的前辈，谢谢您辛苦的教导，接下来我会继续认真探索 Tableau 和数据可视化！"

实操演练

本项目以旅游数据为依托，运用了之前学到的知识完成了一份中国旅游景点数据分析报告。下面继续使用旅游数据作为数据源，请大家完成以下操作：

1. 制作"京津冀"（包括北京市、天津市和河北省）地区的景点分类图。
2. 制作"京津冀"地区的景点数量分布图。
3. 制作"京津冀"地区的景点价格离散图。
4. 制作"京津冀"地区的景点位置图。
5. 将上述图表组合为"京津冀"旅游景点数据仪表板，对其进行美化处理。

任务二　Y 品牌母婴专卖店客户行为分析

Y 品牌的母婴专卖店
客户行为分析

◎ 学习目标

◆能使用 Tableau 进行数据可视化呈现。
◆能初步制作简单的数据分析报告。

◎ 任务分析

本任务的主要内容为"Y 品牌母婴专卖店客户的行为分析"，通过前面学习的可视化技术，分析销售额与发货量和新老顾客数量等，并对不同产品发货总量排序。

◎ 任务实施

一、对销售额与发货量进行分析

打开数据源"母婴专卖店数据源 -1"。

Step 01：新建一页工作表，重命名为"组合图"。

Step 02：将数据中的付款时间拖至列功能区，如图 7-2-1 所示。

Step 03：在列功能区，右击维度"年（订购日期）"或单击其右侧小三角，在下拉菜单中选择"更多"→"小时"命令，如图 7-2-2 所示。

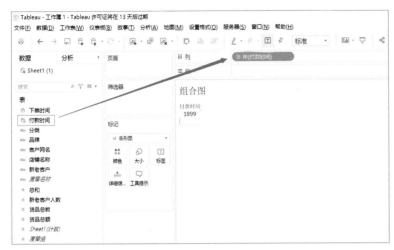

■ 图 7-2-1　将数据拖至功能区

■ 图 7-2-2　选择时间统计
单位为"小时"

Step 04： 在左侧标记卡中，将标记卡"总计（货品总数）"的标记类型修改为"线图"，如图 7-2-3 所示。

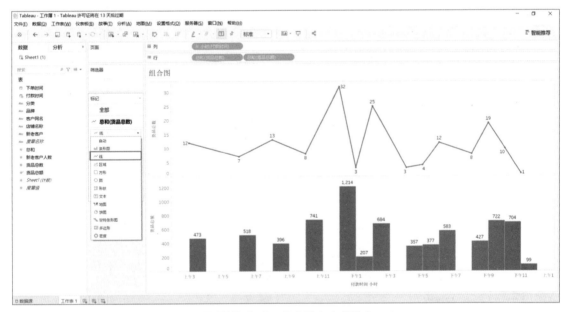

■ 图 7-2-3　修改图表表现形式

Step 05： 单击标记卡中的标签按钮，在弹出的窗口中将"对齐"设置为"中部"，如图 7-2-4 所示展开标签列表，如图 7-2-5 所示设置标签居中对齐，如图 7-2-6 所示设置标签居中对齐后效果。

Step 06： 在行功能区中，右击度量"聚合（利润率）"或单击其右侧小三角，在下拉菜单中选择"双轴"命令，将条形图和折线图进行合并，如图 7-2-7 所示设置双轴模式，最终显示效果如图 7-2-8 所示。

■ 图 7-2-4　展开标签列表　　　　　　　　■ 图 7-2-5　设置标签居中对齐

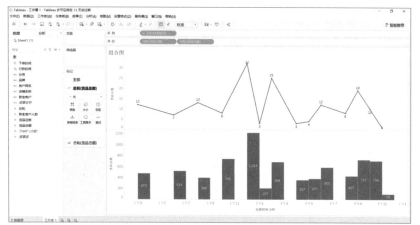

■ 图 7-2-6　设置标签居中对齐后效果　　　　　■ 图 7-2-7　设置双轴模式

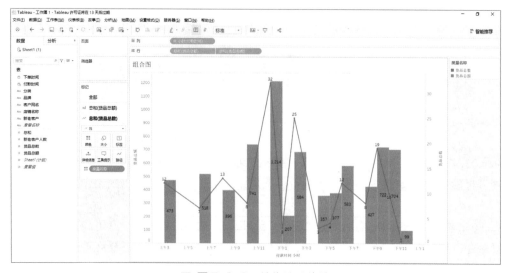

■ 图 7-2-8　最终显示效果

二、对不同产品发货总量排序

打开数据源"母婴专卖店数据源 -2"。

Step 01：新建一页工作表，重命名为"折线图 - 凹凸"。

Step 02：右击左侧数据窗口空白处，在弹出的快捷菜单中选择"创建计算字段"命令，在弹出的窗口中输入图 7-2-9 所示信息，单击"确定"按钮，得到计算字段"销售排名"，如图 7-2-9 所示。

Step 03：将维度"下单时间"拖至列功能区，将计算字段"销售排名"拖至行功能区，如图 7-2-10 所示。

■ 图 7-2-9　创建销售排名计算字段

Step 04：在列功能区中，右击"年（下单日期）"或单击该字段右侧小三角，在下拉菜单中选择连续型日期变量部分的"天"；将维度"品牌"拖至标记卡中颜色按钮处，如图 7-2-11 所示设置时间统计单位为"天"，如图 7-2-12 所示设置完成视图。

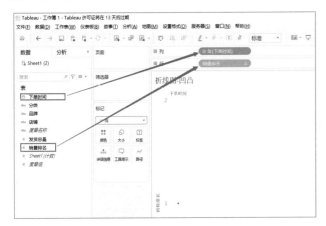

■ 图 7-2-10　将数值拖至对应功能区

■ 图 7-2-11　设置时间统计单位为"天"

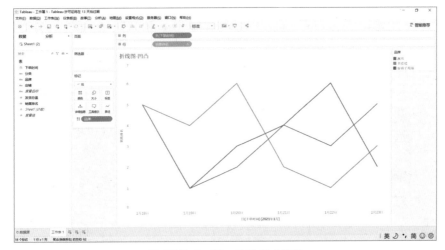

■ 图 7-2-12　设置完成视图

Step 05：在行功能区中，右击度量"销售排名"或单击其右侧小三角，在下拉菜单中选择"计算依据"→"品牌"命令，如图7-2-13所示。如图7-2-14所示为设置完成视图。

Step 06：在视图区左侧轴部，右击轴，在弹出的快捷菜单中选择"编辑轴"命令（见图7-2-15），在弹出的窗口中，勾选"比例"部分的"倒序"选项（见图7-2-16），单击"确定"按钮。最终编辑轴完成视图如图7-2-17所示。

■ 图7-2-13　设置字段"销售排名"的
计算依据为"品牌"

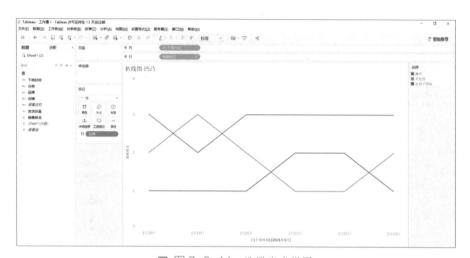

■ 图7-2-14　设置完成视图

■ 图7-2-15　编辑轴

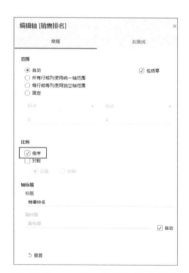

■ 图7-2-16　设置比例为倒序

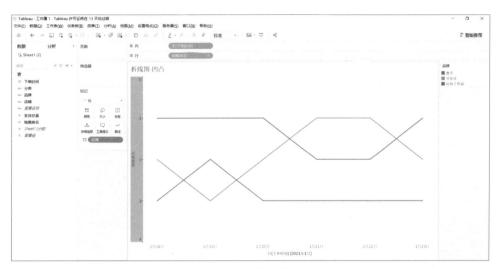

■ 图 7-2-17　编辑轴完成视图

Step 07：按住【Ctrl】键，将行功能区的计算字段"销售排名"拖动一份复制到其右侧，并同样将轴变为"倒序"，如图 7-2-18 所示。

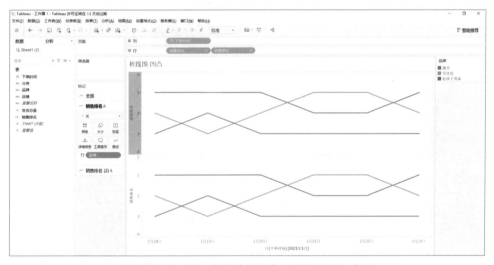

■ 图 7-2-18　复制功能区中"销售排名"字段

Step 08：标记卡"销售排名（2）"中，将标记类型修改为"圆"，并将计算字段"销售排名"拖至该标记卡标签处，如图 7-2-19 所示。

Step 09：在标记卡"销售排名（2）"中，单击大小按钮，适当拖动滑块扩大圆点；如图 7-2-20 所示。

Step 10：在标记卡"销售排名（2）"中，单击标签按钮，在弹出的菜单中单击"对齐"右侧的小三角，在弹出的窗口中设置水平和垂直对齐为"居中"，如图 7-2-21 所示。设置圆大小与对齐方式后视图效果如图 7-2-22 所示。

Step 11：在行功能区，右击计算字段"销售排名"或单击其右侧小三角，在下拉菜单中勾选"双轴"，将折线和圆视图合并，得到凹凸图。最终折线图 - 凹凸视图效果如图 7-2-23 所示。

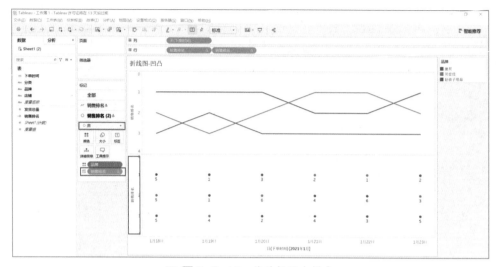

■ 图 7-2-19　修改标记卡样式

■ 图 7-2-20　设置圆点大小

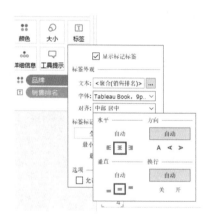

■ 图 7-2-21　设置对齐方式

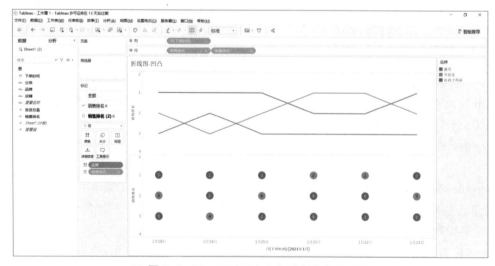

■ 图 7-2-22　设置圆大小与对齐方式后视图

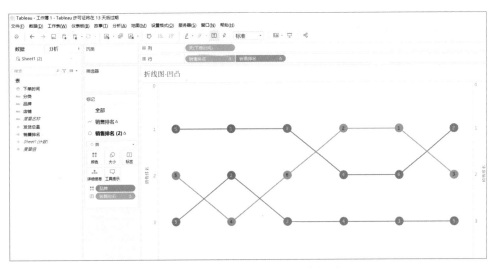

■ 图 7-2-23　折线图 - 凹凸视图

三、对新老客户数量进行统计

打开数据源"母婴专卖店数据源 -1"。

Step 01：新建一页工作表，重命名为"饼图 - 基本"。

Step 02：在标记卡中将标记类型设置为"饼图"，如图 7-2-24 所示。

Step 03：将维度"新老客户"拖至标记卡颜色按钮处，生成等分饼图，如图 7-2-25 所示。

■ 图 7-2-24　设置标记样式为饼图　　　　■ 图 7-2-25　添加颜色标记卡

Step 04：在工具栏中将标准改为"整个视图"如图 7-2-26 所示，最终设置完成视图效果如图 7-2-27 所示。

Step 05：将度量"新老用户人数"拖至标记卡角度按钮处，生成根据销售额大小不同占比不同的饼图，如图 7-2-28 所示。

■ 图 7-2-26　设置饼图大小

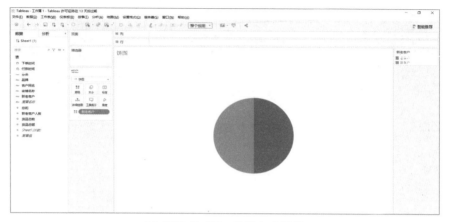

■ 图 7-2-27 设置完成视图

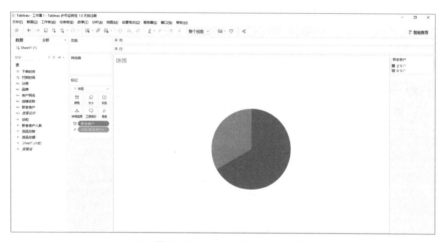

■ 图 7-2-28 设置标记卡角度

Step 06：将维度"新老客户"和度量"新老客户人数"拖至标记卡标签处，在饼图中生成新老客户名称以及人数的标签，如图 7-2-29 所示。

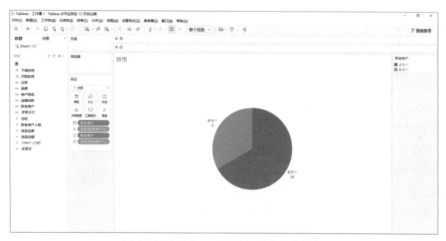

■ 图 7-2-29 添加新老顾客人数标签

Step 07： 右击标记卡中代表标签的度量"总和（新老客户人数）"，或单击其右侧的小三角，在下拉菜单中选择"快速表计算"→"合计百分比"命令，则可得到新老客户的占比饼图，如图 7-2-30 所示。最终新老顾客数量占比统计图如图 7-2-31 所示。

■ 图 7-2-30　设置快速表计算依据为合计百分比

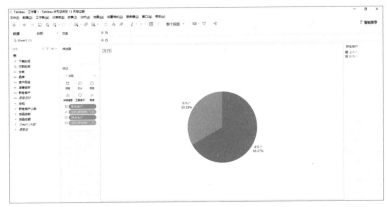

■ 图 7-2-31　新老顾客数量占比统计图

数据分析

如图 7-2-32 所示，可以观察到每个时间段的货品总销售额、货品总数量都在不断变化，而下午 1 时是货品总额与货品总数销售量最高的时间段，凌晨 1 点是销售量最低的时间段，下午 5 点至下午 11 点的销售量较稳定。

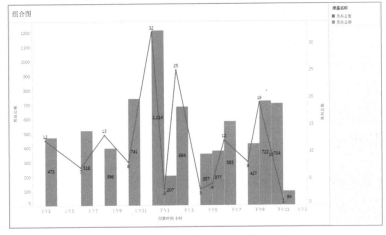

■ 图 7-2-32　销售额与发货量分析

不同产品发货总量排名如图 7-2-33 所示，澳贝、贝佳佳、好孩子用品三个品牌的销售中，澳贝的排名基本在另外两个品牌之后，那么之后对于这个品牌的营销方式、库存准备应进行新的策划与安排。

新老客户数量统计如图 7-2-34 所示，在新老客户数量统计表中可以看出老客户的数量占多数，约占 2/3，在此基础上需要深入思考如何引入新客户与维持客户黏性。

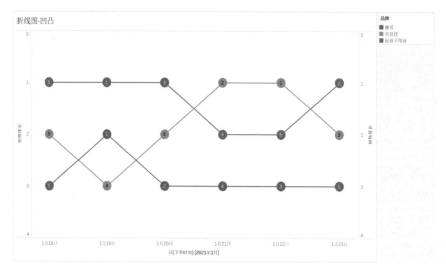

■ 图 7-2-33　不同产品发货总量排名

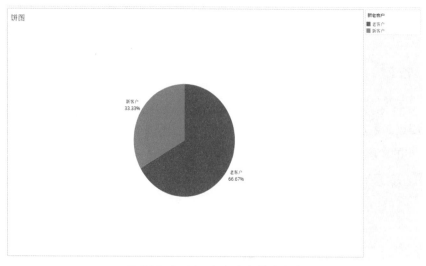

■ 图 7-2-34　新老客户数量统计

🎯 思考和练习

1. 基于当前使用的数据源，还可以进行哪些数据分析？
2. 同样的数据分析，还可以用什么方式进行数据呈现？

◎ 知识拓展

面对不同数据源，首先要确定分析数据的面向对象，是客户还是领导，或者其他对象；其次确定要呈现的数据内容，例如基金展示的累计盈亏、业绩走势等图表，让用户分析手中的基金涨幅情况，考虑是否买入或卖出等。

任务归纳与小结

小娅：我使用 Tableau 的技能越来越熟练了，接下来除了制作图表，还要学习如何将图表与数据分析报告结合，制作完整的数据分析报告，使每一个查看这份报告的人，能够理解我的思路，吸收数据产生的结果，让这份报告成为一份"有用"的报告。

实操演练

本项目以母婴专卖店数据 1 为依托，制作了母婴专卖店客户行为分析图。下面继续使用母婴专卖店 1 作为数据源，请完成以下操作：

制作新老顾客的货品总额占比数据可视化展示。

根据得到的图表深入思考，是着重引入新用户收益更大，还是着重维持老客户黏性收益更大。

任务三　G 品牌奶片销售运营分析

G 品牌的奶片销售
运营分析

◎ 学习目标

能使用 Tableau 进行数据可视化呈现。

能初步制作简单的数据分析报告。

◎ 任务分析

本任务的主要内容为"G 品牌奶片销售运营分析"，依据前面学习的数据可视化技术，对发货量、进货量、销售额、1 月销售利润及最高销售地区进行分析。

任务实施

一、项目背景及意义

在世界各地，牛奶制品，如奶糖、奶油、奶酪、奶片等拥有着巨大的市场。其中奶片深受消费者喜爱的原因主要有营养丰富且方便携带。因为奶片的制作过程并不复杂，不少品牌在国外都拥有着市场，例如，国内市场的伊犁、蒙牛、河马莉都有上市多年的畅销奶片产品，国外市场有贺寿利高钙牛奶片、意大利佳乐定干吃奶片、马来西亚 Cheerings 牌奶片、泰国点点龙咀嚼奶片等，随着三孩政策的落地实施，人们更加关注儿童营养的均衡与健康。营养、健康、养生这三个方面逐渐成为每个家庭关注的重点。近几年来，奶片已经从特产化向休闲的零食化方向发展。

二、用 Tableau 做数据分析

1. 对发货量和退货量进行分析

Step 01：在 Tableau 中打开 G 品牌奶片销售 1，新建一张工作表，将维度字段"产品"拖至"行"功能区中，如图 7-3-1 所示。

■ 图 7-3-1　将维度字段"产品"拖至行功能区

Step 02：如图 7-3-2 所示，将度量字段"发货总量"拖至列功能区；如图 7-3-3 所示将度量字段"退货总量"拖至列功能区。

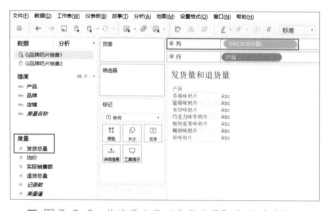

■ 图 7-3-2　将度量字段"发货总量"拖至列功能区

Step 03：将维度字段"产品"拉入标记卡中"全部"卡中的"颜色"里，如图7-3-4所示；将标记卡中"退货总量"卡的表现形式改成"线"，如图7-3-5所示。

■ 图7-3-3 将度量字段"退货总量"拖至列功能区

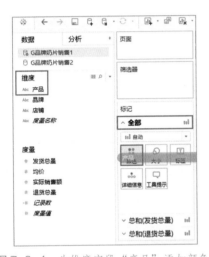

■ 图7-3-4 为维度字段"产品"添加颜色标记

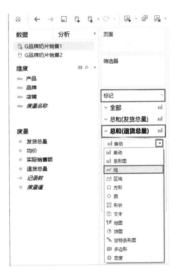

■ 图7-3-5 修改图表表现形式

Step 04：得到图7-3-6所示奶片的发货量和退货量。

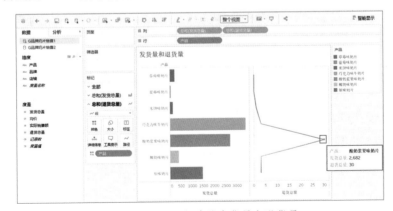

■ 图7-3-6 奶片的发货量和退货量

2. 对销售额进行分析（树状图）

Step 01：在 Tableau 中新建一张工作表，将度量字段"实际销售额"拖至"标记"菜单的"大小"样式中，如图 7-3-7 所示。

Step 02：选中维度字段"产品"，拖至"标记"菜单的"颜色"样式中，如图 7-3-8 所示。

■ 图 7-3-7　将度量字段"实际销售额"

拖至"标记"菜单的"大小"样式中

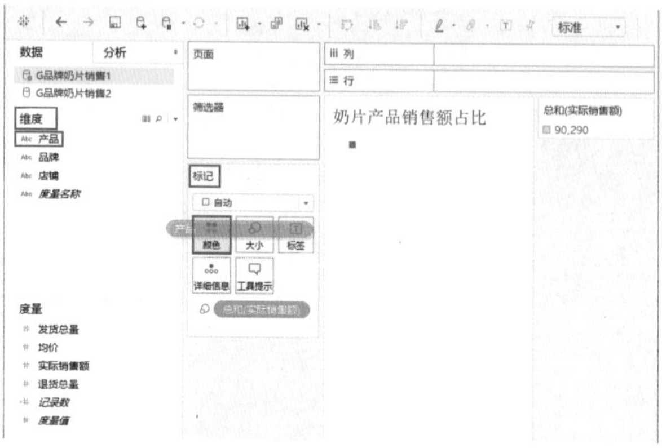

■ 图 7-3-8　将维度字段"产品"

拖至"标记"菜单的"颜色"样式中

Step 03：将维度字段"产品"拖至"标记"菜单的"标签"样式中，如图 7-3-9 所示。

Step 04：选中度量字段"实际销售额"，拖至"标记"菜单的"标签"样式中，如图 7-3-10 所示；最后单击"实际销售额"下拉按钮，选择"快速表计算"→"合计百分比"，如图 7-3-11 所示。

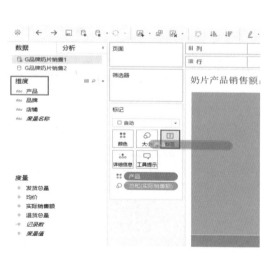

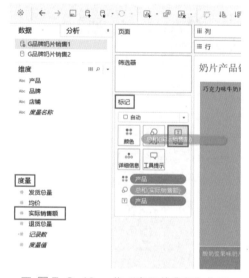

■ 图 7-3-9　将维度字段"产品"

拖至"标记"菜单的"标签"样式中

■ 图 7-3-10　将"实际销售额"拖至

"标记"菜单的"标签"样式中

Step 05：得到图 7-3-12 所示奶片产品销售额占比图表。

3. 对 1 月销售利润进行分析

Step 01：在 Tableau 中打开 G 品牌奶片销售 2，并在 Tableau 中新建一张工作表，选中维度字段"日期"拖至"筛选器"窗口，如图 7-3-13 所示。

Step 02：弹出"筛选器字段 [日期]"窗口，选择"日期范围"，单击"下一步"按钮，弹出"筛选器 [日期]"窗口，将"日期范围"设置为 2021/1/1-2021/1/31，单击"确定"按钮，如图 7-3-14 所示。

■ 图 7-3-11 将"数值"合计百分比

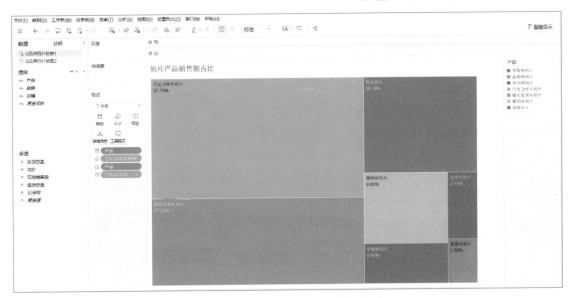

■ 图 7-3-12 奶片产品销售额占比

■ 图 7-3-13 将"日期"拖至"筛选器"中　　■ 图 7-3-14 筛选"日期"为一月

Step 03：选中"筛选器"窗口里的"日期"，按住【Ctrl】键拖至列功能区中，如图 7-3-15 所示。

Step 04：如图 7-3-16 所示，将度量字段"销售额"拖至行功能区；如图 7-3-17 所示将度量字段"利润率"拖至行功能区中字段"销售额"的后面。

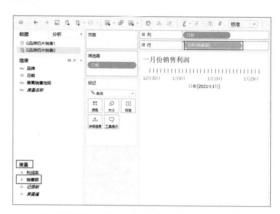

■ 图 7-3-15　将维度字段"日期"
拖至列功能区

■ 图 7-3-16　将度量字段"销售额"
拖至行功能区

Step 05：将维度字段"度量名称"拖至"标记"里"全部"菜单的"颜色"中，如图 7-3-18 所示，得到的效果如图 7-3-19 所示。

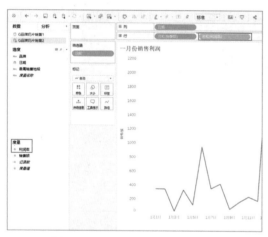

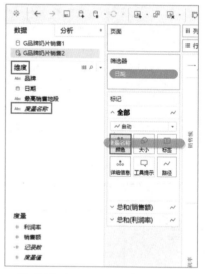

■ 图 7-3-17　将度量字段"利润率"
拖至行功能区

■ 图 7-3-18　将"度量名称"
拖到"颜色"中

Step 06：单击"列"窗口中的"日期"下拉按钮，选择"离散"，如图 7-3-20 所示。

Step 07：将标记卡中"销售额"的展现方式改成"条形图"，如图 7-3-21 所示；单击"行"窗口中的下拉按钮，选择"双轴"按钮，如图 7-3-22 所示。

Step 08：得到图 7-3-23 所示一月份销售利润图表。

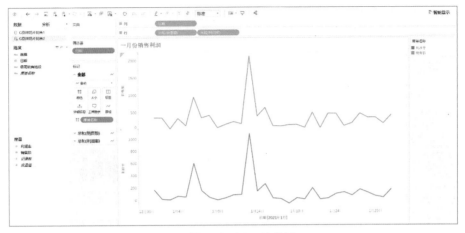

■ 图 7-3-19　效果图

■ 图 7-3-20　将"日期"
更改为"离散"

■ 图 7-3-21　将表现形式
更改为"条形图"

■ 图 7-3-22　设置"利润率"
为双轴

4. 对最高销售地区进行分析

Step 01：在 Tableau 中打开 G 品牌奶片销售 2，并在 Tableau 中新建一张工作表，选中维度字段"最高销售地段"拖至标记卡的"颜色"样式中，如图 7-3-24 所示；弹出"警告"对话框，单击"添加所有成员"按钮，如图 7-3-25 所示。

Step 02：选中度量字段"销售额"拖至标记卡的"大小"样式中，如图 7-3-26 所示；再将维度字段"最高销售地段"拖至标记卡的"标签"样式中，如图 7-3-27 所示。

Step 03：将标记卡中的展现方式改为"文本"形式，如图 7-3-28 所示。

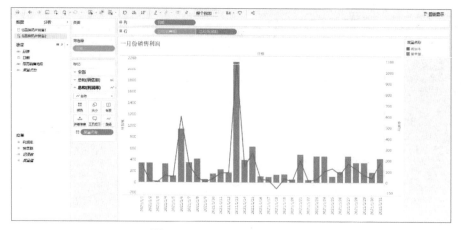

■ 图 7-3-23　一月份销售利润图表

■ 图 7-3-24　将"最高销售地段"拖至标记卡
　　　　　　的"颜色"样式中

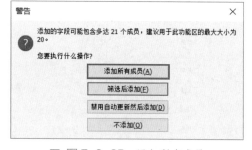

■ 图 7-3-25　添加所有成员

■ 图 7-3-26　将"销售额"拖至标记卡的
　　　　　　"大小"样式中

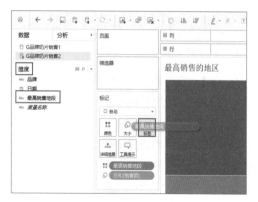

■ 图 7-3-27　将"最高销售地段"拖至标记卡的
　　　　　　"标签"样式中

■ 图 7-3-28　将表现形式更改为"文本"

Step 04：得到图 **7-3-29** 所示浙江省和海南省的信息。

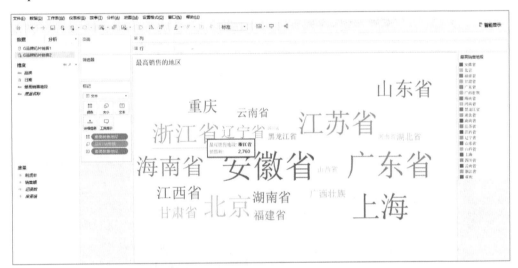

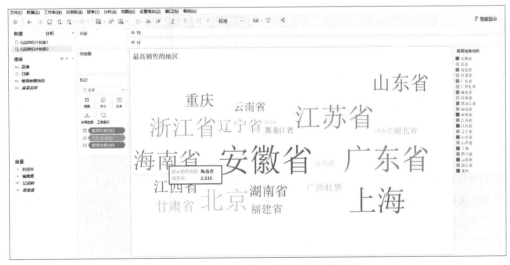

■ 图 7-3-29　浙江省和海南省的信息

数据分析

如图 7-3-30 所示的发货量与退货量图表,发货量排名前三的产品分别是"巧克力味牛奶片""酸奶浆果味奶片""原味奶片",其中 "酸奶浆果味奶片"的退货量在所有口味中名列第一。所有口味中"巧克力味牛奶片"的发货量最高且退货量较低,说明这个口味更符合客户喜欢的口味。

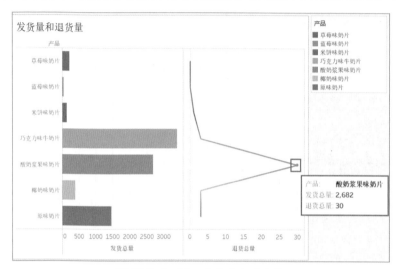

■ 图 7-3-30　发货量与退货量

如图 7-3-31 所示的奶片产品销售额占比图表,销售额与发货量的比例基本一致,排名前三的依旧是"巧克力味牛奶片""酸奶浆果味奶片""原味奶片"。

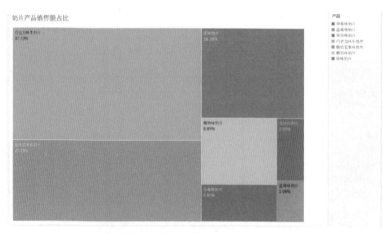

■ 图 7-3-31　奶片产品销售额占比

如图 7-3-32 所示的一月份销售利润图表,13 号的销售额与利润率是这个月最高的;18 号是整个月利润率最低,且呈负利润。其他时间的销售额与利润率较为平稳,但也有利润率与销售额不对应的情况。

如图 7-3-33 所示的各地区销售总额的展示,根据销售总额的比率在图表中调整字符大小进行显示,可以清楚地看到销售总额较高的地区是安徽省、广东省、上海等地。

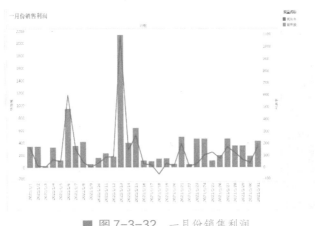

■ 图 7-3-32　一月份销售利润

■ 图 7-3-33　各地区销售总额

思考和练习

1. 在当前数据源中，还有哪些数据值得被分析？
2. 对于 G 品牌奶片销售的销售量较低的产品，针对销售模式可以有哪些调整？
3. 运营数据分析的过程为_____、_____、_____。

知识拓展

在 Tableau 综合操作时，不仅要考虑每一类数据源的呈现方式，还要考虑如何将制作的图表，使用仪表板和故事来具象地呈现给观众，让观看的人可以一目了然地知道你想表达的内容。

任务归纳与小结

小娅：学习的时光总是过得特别快，回顾刚入公司时对数据可视化、对 Tableau 一无所知，现在的我已经能够使用 Tableau 进行图表的绘制、数据的处理，但是 Tableau 还有很多其他需要我去了解的功能，在接下来使用 Tableau 的过程中，我还需要不断地补充 Tableau 知识，提高数据可视化的美观度以及数据分析报告的整理。

实操演练

本项目以 G 品牌奶片销售数据 1、2 为依托，制作了奶片销售运营分析图。下面使用家居用品销售数据作为数据源，请完成以下操作：

1. 制作家居用品销售的数据分析报告。
2. 对不同产品的销售额进行分析。
3. 对利润进行分析。
4. 对销售人员的销售额进行分析。

项目评价

项目实训评价			
评价项目	评 价		
	完全实现	基本实现	继续学习
任务 1　中国旅游景点数据分析			
学习目标　使用 Tableau 仪表板　能灵活运用 Tableau 仪表板			
创建布局　能灵活运用 Tableau 创建布局			
任务 2　Y 品牌母婴专卖店客户行为分析			
学习目标　使用 Tableau 进行数据可视化呈现　能灵活运用 Tableau 进行 Y 品牌母婴专卖店客户行为的数据化呈现			
初步制作简单的数据分析报告　能灵活运用 Tableau 初步进行简单的 Y 品牌母婴专卖店客户行为的数据分析报告			
任务 3　G 品牌奶片销售运用分析			
学习目标　使用 Tableau 进行数据可视化呈现　能灵活运用 Tableau 进行 G 品牌奶片销售的数据化呈现			
初步制作简单的数据分析报告　能灵活运用 Tableau 初步进行 G 品牌奶片销售的简单数据分析报告			